POLARLICHTER

# POLARLICHTER

## SONNENZAUBER AM NACHTHIMMEL

Bernd Römmelt

Mit einem Textbeitrag von
Felicitas Mokler

KNESEBECK

# INHALT

## VORWORT

Man mag es glauben oder nicht, aber ich hatte nie vor, ein Buch über Polarlichter zu veröffentlichen. Meine Polarlichtbilder entstanden eigentlich immer irgendwie nebenbei auf meinen vielen Reisen in den hohen Norden, nach Alaska, Nordkanada, Grönland, Island oder Skandinavien. Natürlich waren und sind Polarlichter für mich ein faszinierendes Motiv, und einmal bin ich sogar extra in den Norden gereist, um diese besonderen Phänomene im Bild festzuhalten. Aber man trifft fast zwangsläufig auf Polarlichter, wenn man sich in den dunklen Monaten zwischen Ende September und Ende Februar in nördliche Regionen aufmacht – und der Norden ist mein Leben!

Ich kann mich noch ganz genau an mein erstes Polarlicht erinnern. Es war der 1. September 1997. Ich zeltete an den nördlichen Ausläufern der Brooks Range im Norden Alaskas, als plötzlich ein blassgrüner Schleier am noch nicht ganz dunklen Himmel auftauchte. Die dünnen Farbspuren begannen, sich langsam nach oben zu ziehen und intensiv grün zu leuchten. Ich war wie gebannt, es lag etwas Magisches in der Luft. Ich baute mein Stativ auf, legte einen 100-ASA-Diafilm in meine Spiegelreflexkamera und begann zu belichten. Ich hatte keinerlei Erfahrung mit Nordlichtfotografie. Es gab noch keine digitalen Kameras und somit auch nicht die Möglichkeit, sofort am Kameradisplay zu überprüfen, ob die Aufnahme gelungen war. Ich belichtete damals einen Film nach dem anderen, nur um sicher zu sein, dass etwas Brauchbares dabei war. Es stellte sich heraus, dass, bis auf wenige Aufnahmen, die meisten Bilder fehlbelichtet waren.

Dennoch änderte diese Nacht mein fotografisches Leben von Grund auf. Mein Ehrgeiz und meine Faszination für Polarlichter und die Polarlichtfotografie waren geweckt. Ich kaufte teure, lichtstarke Objektive, und jedes Mal, wenn ich wieder in den Norden reiste, verbrachte ich schlaflose Nächte im Auto oder im Zelt, nur um diese fantastischen Lichter erleben und fotografieren zu können.

Seit meiner ersten Polarlichtnacht im hohen Norden Alaskas habe ich unzählige weitere ähnliche Nächte erlebt. Die meisten waren wunderschön und sagenhaft, aber auch anstrengend und nervenaufreibend. Sie waren magisch, weil oft der ganze Himmel in Bewegung geriet, weil die Lichter Formen und Farben annahmen, die man sich kaum vorstellen kann, weil die dunkle Polarnacht plötzlich taghell wurde – und sie waren schwierig, weil es meist eiskalt war, der Wind pfiff, meine Kamera oder meine Hände einfroren, die Akkus den Geist aufgaben und ich mich kaum wach halten konnte.

Auch heute, fast 20 Jahre, nachdem ich meine ersten Polarlichter fotografiert habe, und nach unzähligen weiteren Nächten mit Nordlichtern, bin ich noch genauso verrückt nach »meinen Lichtern« wie damals – wahrscheinlich sogar noch ein wenig verrückter. Ich ertappe mich fast täglich dabei, wie ich im Internet die neuesten Polarlichtmeldungen durchforste, mich über Sonnenwinde, Sonnenstürme, Sonneneruptionen, koronale Massenauswürfe, den Kp-Index auf dem Laufenden halte und alle möglichen Informationen zusammensuche, die die Bildung dieses Himmelsphänomens beeinflussen. Ich bin ein Polarlichtsüchtiger geworden. Heute scheint es mir unmöglich, in nördlichen Breitengraden unterwegs zu sein, ohne mindestens eine dieser grandiosen Nächte zu erleben.

Ich werde oft gefragt, ob ich denn nicht schon alle Farben und Formen von Polarlichtern gesehen und fotografiert habe – natürlich nicht! Jedes Polarlicht ist anders, einzigartig, und auch jede Landschaft wirkt anders unter diesem besonderen Lichtphänomen. Der Norden und die Nordlichter erwecken tief in mir eine besondere Sehnsucht, die mich jedes Jahr aufs Neue dorthin lockt. Und da stehe ich dann wieder mit meinem Stativ, durchgefroren, manchmal fluchend, aber

immer glücklich, wieder da zu sein, und warte, warte, dass sich die Wolkendecke lupft und die Nordlichter erscheinen: zuerst als ein schwacher grüner Bogen, dann am Himmel tanzend …

Einen ganz besonderen Traum konnte ich mir in all der Zeit meines Fotografenlebens allerdings noch nicht erfüllen: rote Nordlichter über meinen geliebten Bayerischen Alpen zu fotografieren – das wäre es, das Nonplusultra! Wenn es mir dabei auch noch gelingen würde, die Lichter zu hören, wäre mein Glück perfekt.

Bernd Römmelt

Torneträsk-See, Abisko-Nationalpark, Schwedisch-Lappland, 22. September 2014, 18:11 Uhr. Die Dämmerung war noch nicht vorüber, und schon schwebten die Nordlichter über dem siebtgrößten See Schwedens.

# FASZINATION POLARLICHT

Ich habe mich oft gefragt, was die Menschen am Polarlicht so fasziniert. Warum fliegt man um die halbe Welt, meist in den unwirtlichen, kalten Norden, um bei minus 20 Grad und Sturm mehrere Stunden auf Himmelserscheinungen zu warten, die dann entweder gar nicht auftreten oder aber sich oftmals nur 10 bis 20 Minuten sehen lassen? Ich glaube, die Gründe sind in einem Mix unterschiedlicher Faktoren zu suchen.

Grundsätzlich scheint den Menschen alles zu faszinieren, was sich seiner Einflussnahme entzieht: Gewitter, Stürme, Blitze, das Wetter im Allgemeinen und eben auch Polarlichter. Das Polarlicht ist nicht nur wunderschön anzusehen, sondern auch nicht wirklich greifbar und schwer zu erklären. Es macht den Eindruck, nicht von dieser Welt zu sein. Zwar hat die moderne Wissenschaft viele Rätsel der Polarlichter entschlüsselt: Man weiß heute, wie sie entstehen, warum sie in erster Linie an den Polen der Erde zu sehen sind, warum sie mal grün, mal gelb oder auch rot leuchten. Auch ich habe viele wissenschaftliche Texte über

diese besonderen Phänomene gelesen, habe etwas über elektrisch geladene Teilchen erfahren, die von der Sonne gen Erde »geschickt« werden, nach ein paar Tagen auf das Magnetfeld unseres Planeten treffen und an den Polen in die Atmosphäre eindringen, wo sie aufgrund chemischer Reaktionen grün, gelb oder rot leuchten. Aber trotz all dieser wissenschaftlichen Erklärungen scheint Magie in der Luft zu liegen, wenn in einer klaren Winternacht der ganze Himmel in Bewegung gerät und die Polarlichter zu tanzen beginnen. Die Lichterscheinungen folgen keinem durchschaubaren Plan: Sie kommen und gehen, wann sie wollen. Sie zeigen uns, dass da draußen etwas vor sich geht, das mächtiger und größer ist als wir. In einer Welt, in der alles erklär- und planbar zu sein scheint, sehnt sich der Mensch nach dem Geheimnisvollen und Rätselhaften und nach allem, was sich seinem Einfluss entzieht.

Aus rein wissenschaftlicher Sicht sind Polarlichter nur die sichtbare Folge von geomagnetischen Stürmen, deren Ursprung in unserer Sonne liegt. Wenn diese Stürme besonders stark sind, haben sie die Kraft, unsere hochtechnisierte Welt aus den Fugen zu heben. Sie können zum Beispiel das Stromnetz beschädigen. 1989 führte ein besonders heftiger Sturm in Québec durch geomagnetisch induzierte Ströme zu thermischen Ausfällen mehrerer Transformatoren und einem neunstündigen Stromausfall in der Region um Montreal. Die Folge war Chaos, weil Verkehrsleitsysteme, Flugverkehr sowie die Fernwärmeversorgung ausfielen. Sechs Millionen Menschen waren betroffen.

Die Tatsache, dass Polarlichter nur nachts zu sehen sind, macht wahrscheinlich für viele ihren besonderen Reiz aus. In der Nacht im hohen Norden bei Wind und eisigen Temperaturen Nordlichter zu beobachten, ist ein besonderes Abenteuer.

Wenn ich darüber nachdenke, was mich persönlich an Polarlichtern fasziniert, dann kommen mir sofort märchenhafte Winterreisen in nördliche Regionen in den Sinn – nach Alaska, Kanada, Grönland, Island, Norwegen, Schweden oder Finnland. Das Polarlicht ist Teil meiner Faszination für den hohen Norden als Ganzes, einer Faszination, die nur schwer zu erklären ist. Am besten kann man diese Anziehungskraft vielleicht als Nordlandfieber bezeichnen. Es ist ein Virus, der mich irgendwann befallen hat und den ich (zum Glück) nie wieder losgeworden bin. Das Polarlicht ist nur ein – wenn auch wichtiger – Faktor eines Gefühls, das ich nur im Norden verspüre. Das Gefühl der Weite, der Langsamkeit, der Ruhe und Stille, des Abenteuers, der Dunkelheit, der Kälte – all das macht für mich den Norden aus.

◄ Richardson Mountains, Yukon-Territorium, Kanada, 11. Februar 2010, 23:02 Uhr. Am Abend lichteten sich die Wolken. Die Nordlichter waren so stark, dass sie durch die Wolkenschicht hindurchschimmerten.

▲ Brooks Range, Nordalaska, 6. Februar 2011, 23:30 Uhr. Für nur knapp eine Minute entwickelte sich eine wunderschöne Nordlichtspirale über den Bergen Nordalaskas.

▲ Riisitunturi-Nationalpark, Finnland, 7. Februar 2012, 22:50 Uhr. Durch das Zusammenspiel mit dem Licht des Vollmondes entstand eine mystische Atmosphäre.

► Nahe Kiruna, Schwedisch-Lappland, 12. Februar 2012, 22:45 Uhr. Dunkle Nächte und schwache Nordlichter erfordern lichtstarke Objektive und hohe ASA-Zahlen.

Natürlich reizt mich als Fotografen auch die bezaubernde Schönheit der nordischen Landschaft. Nur, das bin ich nicht müde zu betonen, braucht es, um gute Fotos zu erstellen, mehr als schöne Landschaften. Der Fotograf muss ein Gefühl für die Landschaft mitbringen, sonst wird er nur an der Oberfläche kratzen und das Innerste einer Gegend niemals einfangen können. Ich fahre in den Norden, um Bilder zu machen und um die Seele des Nordens zu berühren. Ich will eintauchen in eine für uns Mitteleuropäer fremde Welt aus Kälte, Eis, Schnee, Dunkelheit ... und als Krönung, quasi als Sahnehäubchen, schwirren Polarlichter am nächtlichen Himmel über mir. In den letzten 20 Jahren haben mich unzählige Reisen durch alle Anrainerstaaten der Arktis geführt, und fast immer konnte ich in teilweise unwirklich schönen Winternächten Polarlichter am Himmel beobachten. Mal waren sie blassgrün, mal knallgelb oder tiefrot; mal waren es stehende Bögen, mal kreisrunde Spiralen, und manchmal tanzte der ganze Himmel.

Im Lauf der Zeit entwickelte mein fotografisches Auge ein immer stärkeres Interesse für die unterschiedlichen Landschaften, über denen ich das Nordlicht zu sehen bekam. Ich fotografierte Polarlichter über der flachen Tundra Alaskas, dem tief verschneiten Taigawald im kanadischen Yukon-Territorium, über kleinen Inuitdörfern in Grönland oder den fantastischen Fjorden Nordnorwegens. Landschaft und Himmel bilden eine Einheit, zu der auch die nächtlichen Lichterscheinungen gehören.

Für die meisten Menschen macht es keinen Unterschied, ob sie Polarlichter über einer ebenen, dunklen Tundra oder über den tief verschneiten, spitzen Bergen der Lofoten erleben oder in welchen Formen und welcher Intensität sie erscheinen. Die Beobachtung des Phänomens überstrahlt alles andere – erleben sie solch ein Ereignis doch im Normalfall höchstens einmal in ihrem Leben. Für uns Polarlichtfotografen sind die verschiedenen Landschaften, über denen die Lichter leuchten, und auch die Form und Stärke der Phänomene von großer Bedeutung, entscheiden doch diese Faktoren über ein gutes oder weniger gutes Nordlichtbild.

Um meine persönliche Faszination für diese Lichtphänomene deutlich zu machen, möchte ich im Folgenden drei ganz besondere Polarlichtnächte beschreiben – drei Nächte, die in Hinsicht auf die äußeren Umstände, die Menschen, denen ich begegnete, und die Landschaften, über denen die Lichter leuchteten, komplett verschieden waren.

▶ 3. Februar 2011, 00:09 Uhr. Schon drei Jahre vor meiner legendären Nordlichtnacht im Februar 2014 besuchte ich die Brooks Range im Winter. Auch damals erlebte ich funkelnde Nächte.

## BROOKS RANGE, NORDALASKA, FEBRUAR 2014

Im Februar 2014 verbrachte ich drei Wochen in Nordalaska, genauer gesagt in einer der wildesten, schönsten Ecken des größten und nördlichsten Bundesstaates der USA, in der Brooks Range. Die Brooks Range ist ein Gebirgszug, der sich circa 1000 Kilometer von Ost nach West quer durch den Norden Alaskas zieht und schon weit nördlich des Polarkreises liegt. Die Berge trennen die arktische Tundra, den North Slope, von den Taigawaldgebieten im Süden. Man kann die Brooks Range sicherlich als eines der letzten großen Wildnisgebiete der Erde bezeichnen. Lediglich eine einzige Straße führt durch diese naturbelassene Gebirgswelt, der James Dalton Highway, in Alaska nur Haul Road (= Transportstraße) genannt, eine knapp 660 Kilometer lange Schotterpiste, die bis hinauf zu den Ölfeldern bei Prudhoe Bay am Arktischen Ozean führt. Im Winter wird die Straße eigentlich nur von den großen Trucks der Ölgesellschaften genutzt, die Material für die Ölfelder gen Norden transportieren.

Mitten in der Brooks Range unweit des Highways liegt Wiseman, ein kleiner Ort mit sage und schreibe um die 15 Einwohnern. Ich besuchte dort Freunde, die Familie Hicker, Uta, Berni, Leo und Julia, die hier seit drei Jahrzehnten mitten in der Wildnis leben. Uta und Berni kommen aus München und sind vor Jahren in diese Gegend gezogen, haben hier ihre beiden Kinder auf die Welt gebracht und mitten in der

18. Februar 2014, 22:24 Uhr. Von Minute zu Minute steigerten die Nordlichter ihre Intensität in dieser magischen Nacht, bis der ganze Himmel über den Bergen der Brooks Range erstrahlte. Derart intensive Nordlichter leuchten die ganze Landschaft aus.

Wildnis Nordalaskas ein Bed and Breakfast eröffnet. Das Arctic Getaway ist eine Oase in der Wildnis, die ich vor Jahren in mein Herz geschlossen habe und immer wieder besuche.

Auf meiner »Fotoagenda« standen damals winterliche Landschaften, Tiere und natürlich Nordlichter. Sehr genau erinnere ich mich an ein einzigartiges Erlebnis. Es war der 18. Februar am frühen Abend. Ich war gerade nach Coldfoot gefahren, einem kleinen Truckstop, um zu tanken – übrigens im Winter die einzige (!!!) Tankstelle auf dem 660 Kilometer langen Highway zwischen Fairbanks und Prudhoe Bay.

Plötzlich bemerkte ich einen schwachen, grünlichen Bogen über den verschneiten Bergen der Brooks Range. Mist, Nordlichter, schoss es mir durch den Kopf. Und es war noch nicht einmal Nacht, sondern erst die blaue Stunde, diese magische Zeit zwischen Sonnenuntergang und totaler Finsternis. Ich stoppte sofort den Tankvorgang, rannte zur Kasse und zurück zu meinem Auto. Ich wollte so schnell wie möglich nach Wiseman, lag dort doch meine Kamera. Ich fuhr los. Natürlich viel zu schnell. Die Haul Road ist im Winter eine Schnee- beziehungsweise Eispiste. Immer wieder schaute ich aus dem Autofenster. Ich konnte es nicht fassen, über mir wurden die Lichterscheinungen immer stärker, unglaubliche, farbige Spiralen bildeten sich am Himmel, und ich saß im Auto ohne Kamera. Also: Fuß aufs Gas.

Von Coldfoot nach Wiseman braucht man normalerweise ungefähr 25 Minuten. Alles lief gut, kein Gegenverkehr. Etwa 500 Meter vor Wiseman passierte es dann: Ich fuhr zu schnell in eine Kurve und krachte in einen Schneehaufen. Nichts ging mehr, das Auto steckte fest, überall Splitter. Ich lief zum nahen Haus der Hickers – über mir tanzten die Lichter. Dort angekommen erzählte ich Berni von meinem Missgeschick. Innerhalb weniger Minuten war die ganze Familie auf den Beinen. Ausgerüstet mit schwerem Gerät, Schaufeln und dicker Winterkleidung liefen wir zum Auto. Sofort wurde unter Anleitung Bernis der Wagen freigeschaufelt.

Trotz angestrengten Arbeitens konnte ich meinen Blick nicht vom Himmel lassen. Polarlichter in allen Farben und Formen waren dort zu sehen – und ich konnte sie nicht festhalten. Berni bemerkte meine Unruhe,

▶ 18. Februar 2014, 22:33 Uhr. Die geomagnetische Aktivität erreichte in dieser Nacht die Stufe 7 (von 9) – und so flackerte das Nordlicht über meinem Blockhäuschen. Selten reichen zehn Schritte, um ein Polarlicht aufzunehmen!

lachte und sagte, ich solle fotografieren, sie kämen allein zurecht. Ich lehnte ab, aber Berni bestand energisch darauf. Als er schließlich behauptete, er bräuchte noch ein paar Bilder für seine Website (was natürlich ein wenig geflunkert war), gab ich nach. Wenn das so ist, dachte ich mir, dann muss ich ja fotografieren, quasi für die Hickers.

Also holte ich ohne schlechtes Gewissen meine Kamera und mein Stativ und begann zu arbeiten. Es war unbeschreiblich. Der gesamte Himmel war in Bewegung. Ich wusste überhaupt nicht, wo ich anfangen sollte. Die Lichter tanzten in unglaublicher Geschwindigkeit über den Himmel. Während einer Belichtung tauchten hinter mir schon wieder neue, noch schönere Formen auf. Ungeduldig beendete ich ein Bild, drehte mich um 180 Grad und richtete meine Kamera auf ein neues Motiv. Es waren alle Farben vertreten: Grün, Gelb, Lila, Rot. Ich war wie im Rausch. Obwohl es extrem kalt war – die Temperatur an Bernis Haus zeigte minus 42 Grad – und mir alles einfror, vom Stativ über den Verschluss meiner Kamera bis hin zu meinen Füßen und Fingern. Ständig wechselte ich Akkus, Kameras, Objektive. Hetzte von einem Motiv zum nächsten. Mal Nordlichter über den Bergen, dann über einer kleinen Holzhütte oder über dem Haus der Hickers.

So ging es stundenlang. Der Polarlichtsturm dauerte die ganze Nacht, so etwas hatte ich noch niemals erlebt. Irgendwann, es war gegen drei Uhr morgens, hatte ich alle Akkus aufgebraucht, die meiner Kamera und auch meine inneren Akkus. Erschöpft ging ich zu meiner kleinen Hütte und legte mich in voller Montur ins Bett – zu müde und durchgefroren, um mich noch bettfertig zu machen.

Am nächsten Tag schaute ich rüber zu den Hickers. Berni hatte schon Kaffee gekocht und grinste, als er mich sah. »Und wie war's gestern Nacht?« – »Es war Wahnsinn!«, und ich erzählte dem alten Nordlichthasen etwas über die fantastischsten Formen und Farben am Himmel.

Ach so, ja, das Auto: Berni, Leo und Julia hatten mein Auto aus dem Schnee befreit. Zum Glück war es noch fahrtüchtig. Ich hatte in dieser Nacht alles erlebt, was den Norden ausmacht: eisige Kälte, wunderbare Nordlichter und eine Hilfsbereitschaft, wie es sie nur in dieser wilden, einsamen Region gibt.

◀ 18. Februar 2014, 22:45 Uhr. Das Nordlicht zischte in dieser Nacht über das gesamte Firmament, zeichnete ganze Polarlichtvorhänge und ließ nicht einen Fleck am nächtlichen Himmel über Wiseman frei.

▼ 18. Februar 2014, 22:36 Uhr. Ein wunderschöner Nordlichtbogen über dem Holzhaus der Familie Hicker. Eine Woche waren sie meine perfekten Gastgeber in der abgelegen Brooks Range.

▲ 19. Februar 2014, 00:34 Uhr bis 00:55 Uhr. Wie schnell sich die Polarlichter während dieses starken Nordlichtsturmes veränderten, zeigt der Ausschnitt aus einer Zeitraffersequenz. Die Bilder entstanden alle innerhalb von nur 20 Minuten.

◄ 6. Februar 2011, 20:27 Uhr. Die Temperaturen sanken in dieser Nacht auf unter minus 40 Grad. Für mich ging dennoch ein Traum in Erfüllung. Ein Nordlicht über einem der markantesten Berge am Dalton Highway: dem Sukakpak Mountain.

▼ 18. Februar 2014, 23:13 Uhr. Die Polarlichter schossen derart hoch in den Himmel, dass ein normales Weitwinkelobjektiv sie nicht mehr einfangen konnte. Ich half mir mit einem speziellen Fisheye-Objektiv.

► 6. Februar 2011, 20:45 Uhr. Über dem Mount Dietrich bildeten sich mehrere Nordlichtbahnen, die steil in den Himmel aufstiegen.

▼ 6. Februar 2011, 20:24 Uhr. Ein besonders schönes Nordlicht erstrahlte über einem besonders schönen Berg: dem Sukakpak Mountain, einem der Wahrzeichen des James Dalton Highway in Nordalaska.

▼ ► 6. Februar 2011, 20:28 Uhr und 20:32 Uhr. Zweimal dasselbe Motiv: Mount Dietrich mit Polarlichtern. Trotzdem ist der Bildeindruck komplett unterschiedlich. Zunächst erscheint die Landschaft grün wie das Nordlicht über ihr (linke Seite), und nur vier Minuten später hat das Licht seine Farbe verändert und alles schimmert in Gelb-Weiß (rechte Seite).

BROOKS RANGE, NORDALASKA

▼ ► 18. Februar 2014, 22:27 Uhr und 22:56 Uhr. Zwei perfekte Nordlichtgebilde über den schneebedeckten Bergen der Brooks Range. Polarlichter wechseln nicht nur im Minutentakt ihre Farbe, sondern sie nehmen auch in unglaublicher Geschwindigkeit die verschiedensten Formen an.

▼ 18. Februar 2014, zwischen 21:32 Uhr und 21:46 Uhr. Eine Zeitraffersequenz, die zu meinen absoluten Lieblingsserien zählt. Das Besondere: Über den schönen grüngelben Nordlichtspiralen spitzten wunderbar rot gefärbte Polarlichtvorhänge in den Himmel.

◀ 18. Februar 2014, 21:52 Uhr. Eines meiner schönsten Nordlichter überhaupt. Hier sind wirklich alle Farben vertreten: Rot, Gelb, Grün, Violett – und das alles in einem Nordlichtvorhang vereint.

▼ 12. Februar 2011, 22:46 Uhr. Langsam spitzte der aufgehende Mond über die Berge. Die Nordlichter wurden schwächer, dafür brachte der Mond die Landschaft zum Glänzen.

► 14. Februar 2012, 19:25 Uhr. Anders als in der Brooks Range Alaskas ist die Gegend rund um den Torneträsk in Schwedisch-Lappland landschaftlich unspektakulär. Hier zählt nur das Polarlicht.

## TORNETRÄSK, ABISKO-NATIONALPARK, SCHWEDISCH-LAPPLAND, FEBRUAR 2012

Den Februar 2012 verbrachte ich in Schwedisch-Lappland. Dieser Monat ist in Gebieten nördlich des Polarkreises eine magische Zeit. Die Sonne zeigt sich circa vier bis fünf Stunden am Himmel, steigt aber nicht wirklich hoch. Durch den schrägen Sonnenstand leuchtet die nordische Landschaft den ganzen Tag in den schönsten Gelb- und Rottönen. Der Februar bringt aber nicht nur dieses wunderbare Licht hervor, er ist auch der kälteste Monat des Jahres. In Schwedisch-Lappland können die Temperaturen auf weit unter minus 30 Grad absinken – eine Zauberwelt aus Eis und Schnee entsteht. Alles tickt dann ein wenig langsamer.

Eine ideale Jahreszeit also, um in den hohen Norden zu reisen. Während meiner Tour durch Schwedisch-Lappland legte ich auch einen einwöchigen Stopp im Abisko-Nationalpark ein. Markantes Wahrzeichen der Gegend ist der 330 Quadratkilometer große See Torneträsk, der im Winter komplett zugefroren ist. Nur eine große weiße Fläche erinnert noch an den siebtgrößten See Schwedens.

Der Abisko-Nationalpark beziehungsweise die Abisko Turiststation, hat sich im Lauf der Jahre zum Mekka der Nordlichtfans entwickelt. Zum einen weil hier die Polarlichter überdurchschnittlich oft zu sehen sind – der Park liegt mitten im nördlichen Polarlichtoval –, zum anderen wegen der Beobachtungsinfrastruktur, die in den letzten

Jahren entstanden ist. Auf den nahegelegenen, 900 Meter hohen Berg Nuolja fährt auch im Winter ein Sessellift. Oben auf dem Gipfel wurde eine Beobachtungsstation, die Aurora Sky Station, errichtet mit allem, was das Herz eines Nordlichtfans aus dem Süden begehrt: Cafeteria, geheizter Raum mit Panoramafenstern und so weiter. Hier drängeln sich jeden Abend zwischen November und März Hunderte Nordlicht-begeisterte, meist aus dem asiatischen Raum.

Ich muss zugeben, ich war noch niemals dort oben. Mir gibt es da zu viele Touristen, zu viel Lärm und einfach zu viel von allem, was meinem Gefühl vom Norden widerspricht. Ich suche mir meist am Ufer des Torneträsk ein ruhiges Plätzchen und genieße die Stille und die Kälte. So auch am 14. Februar 2012: Valentinstag!

Schon am frühen Abend stand ich am Ufer des Sees, die Temperaturanzeige meines Autos erreichte minus 38 Grad. Am Himmel funkelten die Sterne. Kein Polarlicht in Sicht. Aber gegen 19 Uhr begann das Spektakel. Wie immer zeigte sich zuerst ein grüner Bogen am Himmel, der dann mehr und mehr flackerte. Die Nordlichter wurden immer intensiver und nahmen die unglaublichsten Formen an. Ich sah Gesichter, Vögel, Schrauben, Ringe ...

Wer am Torneträsk Polarlichter fotografiert, hofft auf besondere Formen und Farben, denn die Landschaft hier in Nordschweden ist zwar wunderschön, aber eher unspektakulär. Kein Vergleich mit den zackigen Bergen Ostgrönlands oder der Lofoten. Interessanterweise blieben die Polarlichter damals allesamt grün, obwohl ein regelrechter Nordlichtsturm über den Torneträsk hinwegfegte.

Gegen halb zwölf zischte plötzlich ein Feuerschweif über den Himmel, den ich nicht einordnen konnte. Ich schaute nach rechts und bemerkte eine Gruppe von Japanern, die heftig gestikulierten, lachten und schrien. Die haben eine Rakete abgeschossen, fuhr es mir durch den Kopf. Unglaublich: Jetzt müssen die hier Raketen in den Himmel feuern und mir mein Bild zerstören. Wütend schimpfte ich in Richtung Asien. Das Lachen verstummte. Gegen ein Uhr morgens schwächte sich das Nordlicht ab, und ich stieg erschöpft und durchgefroren in mein Auto.

Am nächsten Tag las ich in der Zeitung, dass am Abend zuvor gegen 23 Uhr 30 ein Meteor mit einem langen, hellen Schweif am Himmel zu sehen war – und ich hatte die freundlichen Japaner verdächtigt, Raketen in den nächtlichen Himmel geschossen zu haben. Ich habe mir bis heute meine Schimpfereien nicht verziehen!

◀ 14. Februar 2012, 19:34 Uhr. Langgezogene Nordlichtbahnen ragten in den Himmel über dem Abisko-Nationalpark. Im Hintergrund leuchteten die Lichter des Skigebietes Björkliden.

▲ 14. Februar 2012, 20:12 Uhr. Atemberaubende Polarlichter, aber eine etwas langweilige Landschaft – zum Glück fand ich diese urige Eisformation am Ufer des Torneträsk.

▶ 14. Februar 2012, 20:53 Uhr. Das Nordlicht hing wie ein Riesenkrake über dem zugefrorenen Torneträsk-See.

▼ 14. Februar 2012, 21:04 Uhr. Ein grüngelblicher schimmernder Nordlichtvorhang über den unscheinbaren Bergen des Abisko-Nationalparks.

▲ 14. Februar 2012, 22:52 Uhr bis 22:57 Uhr. Ein perfekter Nordlichtvorhang, der sich innerhalb weniger Minuten zu einer wunderschönen Spirale verwob. Starke Nordlichter, wie sie hier zu sehen sind, tendieren farblich meist ins Gelbe.

▲ 14. Februar 2012, 22:51 Uhr. Ein Gespenst am Himmel über Lappland Nordlichter können wirklich die unglaublichsten Formen annehmen – oder doch ein Totenkopf?

◄ 14. Februar 2012, 20:58 Uhr. Eine intensiv grüngelbe Nordlichtspirale über dem Torneträsk-See.

▼ ► 14. Februar 2012, 20:30 Uhr und 20:49 Uhr. Zwei typisch flache Nordlichtspiralen bauen sich über dem Torneträsk auf. Nur etwa eine halbe Stunde später stand der gesamte Himmel in Flammen. Polarlichter beginnen oft flach über dem Horizont und brechen dann entweder wieder zusammen, oder sie laufen zu Höchstformen auf.

TORNETRÄSK, ABISKO-NATIONALPARK, SCHWEDISCH-LAPPLAND

◄ 9. März 2012, 05:13 Uhr. Mitte März beginnt die blaue Stunde in Norwegens Norden bereits gegen vier Uhr morgens und dauert mehrere Stunden. In dieser Zeit lassen sich die schönsten Nordlichtbilder einfangen.

## LYNGENALPEN, NORDNORWEGEN, MÄRZ 2012

Ich kann mich noch gut erinnern: Ich war gerade von einer vierwöchigen Reise aus Schwedisch-Lappland zurückgekehrt. Zu Hause in München sichtete ich mein gesammeltes Material, sicherte Daten und bearbeitete Bilder. Da erhielt ich eine Polarlichtwarnung: Ein starker, erdgerichteter geomagnetischer Sturm hatte sich ereignet. In circa zwei bis drei Tagen sollte er auf die Erde beziehungsweise die Erdatmosphäre treffen. Das kann doch nicht wahr sein, dachte ich mir. Vor nur ein paar Tagen war ich noch im hohen Norden unterwegs, und jetzt verpasste ich einen der stärksten geomagnetischen Stürme der letzten Jahre. Meine Unruhe wurde immer größer. Irgendwann gab ich auf, schob die Vernunft beiseite und buchte für den nächsten Tag einen Flug nach Tromsø.

Tromsø liegt zum einen mitten im sogenannten Polarlichtoval, zum anderen ist die Landschaft rund um die Stadt grandios. Tiefe Fjorde und spitze, steil ins Meer abfallende Berge kennzeichnen die Gegend. Perfekte Voraussetzungen, um Polarlichter über einer spektakulären Kulisse zu fotografieren. Drei Tage und drei Nächte nahm ich mir Zeit, um die Polarlichter einzufangen.

Am 7. März 2012 landete ich in Tromsø. Als ich ankam, herrschte Schneetreiben. Ich war nicht wirklich beunruhigt wegen des Wetters, wusste ich doch, wie schnell sich alles ändern kann. Ich stieg in mein

Mietauto und fuhr noch am selben Abend Richtung Lyngenalpen, einem markanten Gebirgszug ein paar Autostunden nördlich von Tromsø. Ich war schon oft zum Fotografieren in dieser Gegend, und jedes Mal hatte ich gedacht: Diese tollen Berge mit Polarlichtern – das wär's!

Am späten Abend erreichte ich den Lyngenfjord. Von hier hat man einen wunderbaren Blick über die Bucht auf die Bergkette. Anders als unten in der Stadt war das Wetter hier oben perfekt. Keine Wolke trübte den Himmel. Ich suchte mir einen schönen Platz, baute mein Stativ auf und wartete im Auto auf das bevorstehende Spektakel. Es passierte nichts. Ich hielt die ganze Nacht durch, kein Nordlicht zeigte sich am Himmel. War der ganze Aufwand umsonst? Hatte der Sonnensturm die Erde doch nicht erreicht?

Am nächsten Tag verschlechterte sich das Wetter. Meine Enttäuschung wurde immer größer. Trotzdem setzte ich mich am folgenden Abend wieder ins Auto und wartete. Dichte Wolken zogen über den Himmel. Wenn Polarlichter am Himmel tanzten, würde ich sie jetzt nicht zu Gesicht bekommen. Irgendwann schlief ich ein und wachte erst gegen drei Uhr morgens wieder auf.

Es hatte aufgeklart. Der Halbmond tauchte die Landschaft in unwirkliches Licht. Ich begann, den Fjord und die Berge im Mondlicht zu fotografieren. Plötzlich bemerkte ich einen schwachen, grünen Schimmer am Himmel. Schlagartig war ich hellwach. Ich konnte mein Glück kaum fassen: Nordlicht! Der grüne Bogen wurde immer stärker. Ich begann zu belichten, ein ums andere Bild. Irgendwann wusste ich nicht mehr, wohin ich meine Kamera ausrichten sollte. Der ganze Himmel war mit gelbgrünen Polarlichtern bedeckt. Langsam wurde es heller, die Dämmerung brach herein, aber die Polarlichter tanzten weiter. Zudem wurden die Nordlichter immer intensiver. Sie veränderten Form und Farbe und rauschten über den ganzen Himmel. Über mir bildete sich eine riesige Korona. Die kreisförmigen Strahlen hatten etwas Beklemmendes. Das erste Mal, seit ich Polarlichter fotografierte, ging ich intuitiv in Deckung. Ich hatte das Gefühl, mir würde der Himmel auf den Kopf fallen, von einer unsichtbaren Hand wie eine Plastikfolie auf mich hinabgedrückt. Unglaublich. Ich richtete meine Kamera direkt, senkrecht nach oben in den Ring aus Licht hinein und fotografierte. Die Dämmerung schritt voran, bald würde das Schauspiel, sicherlich die Polarlichter meines Lebens, vorüber sein. Ich hatte meine Kamera schon fast eingepackt, da bildete sich ein wirklich unglaubliches Lichtphänomen: ein langer, roter Kranz, der fast den ganzen Himmel einnahm. Aus dem Kranz schossen Hunderte rot-violette Nadeln. Es kam mir unwirklich vor, was ich da am Himmel zu sehen bekam. Dann war alles vorbei. Der Tag brach herein. Ich sank erschöpft ins Auto und schlief ein.

Die dritte und letzte Nacht verlief ruhig. Der Himmel war wolkenverhangen, kein Nordlicht zu sehen. Macht nichts, ich hatte meine ganz besondere Nacht gehabt. Wieder zu Hause angekommen erfuhr ich, dass ich Zeuge eines der stärksten Nordlichtstürme der vergangenen Jahre gewesen war. Rund um Tromsø war ein Kp-Index von 9 (von 9 Stufen) gemessen worden. Mehr geht nicht, und ich war mittendrin!

▲ 9. März 2012, 05:19 Uhr. Der untergehende Mond strahlte noch die Wolken hinter den Bergen an, die Morgendämmerung zauberte bereits ihr Dunkelblau in den Himmel.

◀ 9. März 2012, 05:18 Uhr. Diese riesige Nordlichtspirale schraubte sich so weit in den Himmel, dass ein 16-Millimeter-Weitwinkelobjektiv nicht mehr ausreichte, um sie ganz einzufangen – für einen Objektivwechsel blieb leider keine Zeit.

▼ 9. März 2012, 05:17 Uhr. Nur eine Minute bevor das Bild links entstand, schoss ein Nordlicht in komplett entgegengesetzter Richtung über den Himmel – ich konnte mich kaum entscheiden, wohin ich meine Kamera richten sollte.

▲ ► 9. März 2012, 05:15 Uhr. Das linke Bild schoss ich um 05:15 Uhr und 24 Sekunden. Um 05:15 und 42 Sekunden belichtete ich schon das nächste Bild (rechts) – Stress pur!

LYNGENALPEN, NORDNORWEGEN

► 9. März 2012, 05:33 Uhr. Ich wollte bereits einpacken, denn es dämmerte schon. Plötzlich entwickelte sich dieser rote Kranz am Himmel: ein Nordlicht der Stufe 9 (von 9) – besser geht es nicht mehr. Mein Traum vom Nordlicht!

▼ 9. März 2012, 04:43 Uhr. In meinem Rücken entwickelte sich dieses Nordlicht, während ich gebannt in Richtung Fjord blickte. Als ich mich zufällig umdrehte, konnte ich gerade noch eine Aufnahme belichten.

▲ 9. März 2012, 05:23 Uhr. Vier Bilder einer Zeitraffersequenz. Bei genauerem Hinsehen erkennt man die kleinen Veränderungen im Nordlicht. Die Bilder wurden in einem Zeitabstand von zehn Sekunden aufgenommen, die Belichtungszeit konnte ich wegen der Morgendämmerung mit fünf Sekunden sehr kurz halten.

▼ ► 9. März 2012, 05:44 Uhr und 05:45 Uhr. Die letzten beiden Nordlichter einer magischen Nacht, beide von großer Schönheit. Wie Blitze schossen die Lichter vom Himmel gen Erde und brachten mich das erste Mal in meiner langen »Nordlichtkarriere« dazu, instinktiv nach Deckung zu suchen.

# POLARLICHT ERFORSCHUNG

Yukon-Territorium, Kanada, 10. Februar 2010, 00:19 Uhr. Diese grünen Nordlichtbahnen zeigten sich in einer eisigen Nacht am Dempster Highway. Die Temperatur sank damals auf minus 45 Grad.

Die Beobachtung von Polarlichtern am Himmel ist wahrscheinlich so alt wie die Menschheit selbst. Sagen, Mythen und Geschichten über den Ursprung dieser auffälligen Phänomene fanden Eingang in die Vorstellungswelt der Menschen rund um den Erdball.

Aber obgleich bereits der große griechische Philosoph Aristoteles (384–322 v. Chr.) in seiner um 340 v. Chr. verfassten Schrift *Meteorologica* das Polarlicht als eine atmosphärische Erscheinung beschrieb und einer ersten nüchternen Untersuchung unterzog, begann eine ausführliche wissenschaftliche Beschäftigung mit dem Himmelsphänomen erst mit der Neuzeit.

Im Zeitalter der Renaissance setzte in Europa ein Umdenken ein. Man suchte nach rationalen Erklärungen für Erscheinungen, die zuvor religiös oder mystisch begründet wurden. Die Erforschung des Polarlichts gestaltete sich dabei überaus kompliziert und dauerte sehr lange, da dieses Phänomen wie ein großes Puzzle nur durch die Zusammenschau vieler Einzelfaktoren seine Geheimnisse preisgab.

Eine erste wichtige Etappe auf dem Weg zum Verständnis dieses eigenartigen nördlichen Leuchtens ist Nikolaus Kopernikus (1473–1543) zu verdanken, der erkannte, dass die Sonne nicht um die Erde kreist, sondern den Mittelpunkt unseres Sonnensystems darstellt. Der englische Physiker William Gilbert (1544–1603) stellte einige Jahrzehnte später fest, dass die Erde ein riesiger Magnet ist, dessen Inneres aus einem gigantischen Eisenkern besteht.

Der englische Astronom und Mathematiker Edmond Halley (1656–1742) formulierte Anfang des 18. Jahrhunderts eine für diese frühe Zeit der Polarlichtforschung bahnbrechende Theorie. Seine Hypothese besagte, dass das Polarlicht durch Teilchen entstehe, die von magnetischen Kräften gelenkt würden, und dass sich die Strahlen des Polarlichts an den Magnetfeldlinien der Erde ausrichteten. Der schwedische Astronom und Meteorologe Anders Celsius (1701–1744) zeigte 1741, dass die Magnetnadel seines Kompasses immer dann ausschlug, wenn sich ein aktives Polarlicht am Himmel abzeichnete. Auch der britische Physiker John Dalton (1766–1844) sowie der Norweger Sophus Tromholt (1851–1896) vertraten diese Theorie.

Darüber, in welcher Höhe der Atmosphäre die Polarlichter leuchten, wurde lange Zeit gerätselt. Der britische Physiker und Chemiker Henry Cavendish (1731–1810) bestimmte die Höhe eines 1790 in England gesehenen Bogens mittels der Triangulationsmethode auf 80 bis 115 Kilometer. John Dalton errechnete anhand einer Aurora, die er im Jahr 1826 beobachtet hatte, höhere Werte (mindestens 160 Kilometer). Knapp hundert Jahre später erzielte der norwegische Mathematiker und Geophysiker Carl Størmer (1874–1957) ähnliche Ergebnisse. Er fotografierte Polarlichter gleichzeitig von mehreren voneinander entfernten Punkten aus und berechnete auf Basis der Trigonometrie die Höhe. Er kam zu dem Schluss, dass Polarlichter mindestens in einer Höhe von 70 bis 105 Kilometern und höchstens zwischen 320 und 1000 Kilometern Höhe erscheinen.

Die Verbindung zwischen Sonnenaktivität und der Aurora erkannte als einer der Ersten der französische Geophysiker Jean Jacques d'Ortous de Mairan (1678–1771). Mitte des 19. Jahrhunderts wurde dieser Gedanke unter Einbeziehung der Sonnenflecken, der sichtbarsten Aktivität der Sonne, weiterverfolgt. Der Schweizer Astronom und Mathematiker Johann Rudolf Wolf (1816–1893) ermittelte einen Fleckenzyklus von etwa elf Jahren. In Jahren mit vielen Sonnenflecken trat das Polarlicht besonders häufig und hell auf. Die Sonne hatte also in irgendeiner Weise mit dem bunten Leuchten am Himmel zu tun.

1867 setzte der schwedische Physiker Anders Jonas Angström (1814–1874) einen Meilenstein in der Erforschung des Polarlichts. Er wies nach, dass die Aurora durch die Lichtemission von Gasen verursacht wird, und stellte fest, dass das häufigste und charakteristischste Licht der Aurora eine weiß-grünliche Färbung hat.

Lange Zeit war es ein Rätsel, wie diese messbare grüne Linie der Aurora borealis zustande kommt, da kein Atom bekannt war, das eine solche Spektrallinie aussandte. Es sollte bis zum Jahr 1925 dauern, ehe

▲ Lyngenfjord, Nordnorwegen, 9. März 2012, 03:05 Uhr. Langsam lichteten sich die Wolken über den Lyngenalpen und die Nordlichter begannen am Himmel zu tanzen.

▲ Torsvåg, Nordnorwegen, 25. September 2017, 20:08 Uhr. Nach einer dreiwöchigen Tour rund um Spitzbergen erreichte unser Schiff, die »Cape Race«, am frühen Abend die nordnorwegische Küste bei Torsvåg. Das Wetter war prächtig und wir mussten nur auf die Dunkelheit warten, dann begann direkt über dem kleinen Hafen das »Lichterspektakel«.

► Gjesvær, Insel Magerøya, 10. September 2016, 20:23 Uhr. Die Abenddämmerung war noch nicht vorüber, da waberten schon die ersten Nordlichtschleier über der felsigen Küste.

die beiden kanadischen Wissenschaftler John Cunningham McLennan (1867–1935) und Gordon Shrum (1896–1985) erkannten, dass die rätselhafte Emissionslinie dem neutralen Sauerstoff zuzuordnen ist. Dieser bringt unter Laborbedingungen keine gelbgrüne Farbe hervor, er ist aber unter den besonderen vakuumähnlichen Verhältnissen der Atmosphäre fähig, gelbgrünes Licht auszusenden.

Im Rahmen ausgedehnter Reisen nach Sibirien, Grönland und Nordamerika erarbeiteten Forscher im Lauf des 19. Jahrhunderts einen Eindruck von den Ausmaßen der nördlichen Polarlichtzone. Der Däne Sophus Tromholt gründete weit mehr als hundert Polarlichtstationen in Norwegen und Island. Diese und weitere Nordlichtbeobachtungsstationen bildeten die Grundlage zur Erforschung der Häufigkeit von Polarlichtern. Der Amerikaner Ellias Loomis (1811–1889) und der Deutsche Hermann Fritz (1830–1893) konstruierten auf Grundlage von Polarlichtbeobachtungen Landkarten, die das Auftreten der Polarlichter geografisch veranschaulichten.

Bereits Ende des 19. Jahrhunderts konnte man nachweisen, dass die Sonnenaktivität bei der Bildung der Aurora borealis eine wichtige Rolle spielt und dass magnetische und elektrische Kräfte am Werk sind.

Den Zusammenhang der unterschiedlichen Faktoren entschlüsselte schließlich der norwegische Physiker Kristian Olaf Birkeland (1867–1917). Er zeigte, dass Hochgeschwindigkeitselektronen von der Sonne gen Erde geschleudert werden und am Magnetfeld der Erde entlang einer eng begrenzten Region rund um die magnetischen Erdpole in die Erdatmosphäre gelenkt werden. Beim Eintreten der Elektronen in die Erdatmosphäre kommt es zu Zusammenstößen zwischen diesen Elektronen und Atomen beziehungsweise Luftmolekülen, die dabei zum Leuchten angeregt werden. Zur Veranschaulichung seiner Theorie konstruierte er eine kleine magnetisierte Kugel, welche die Erde mitsamt ihrem Magnetfeld darstellen sollte. Er hängte die sogenannte Terrella in einem durchsichtigen Glaskasten auf, aus dem er, soweit es ging, die Luft heraussaugte. Damit sollte der luftleere interplanetare Raum simuliert werden. Anschließend beschoss er die Kugel mit Elektronen. Im Umkreis ihrer magnetischen Pole bildeten sich glühende Ringe. Birkeland gelang es damit erstmals, die Polarlichtovale in einem Laborversuch nachzuweisen. Trotzdem war die Erforschung der Polarlichter noch lange nicht am Ende. So entwickelte zum Beispiel der englische Mathematiker Sydney Chapman (1888–1970) die bis heute anerkannte Theorie, dass die Teilchen des Sonnenwindes

Inuvik, Nordwest-Territorien, Kanada, 8. Februar 2014, 19:55 Uhr. Eine taghelle Vollmondnacht. Die Landschaft dort ist eher unspektakulär, darum bot es sich an, den Mond als kompositorisch bestimmendes Element einzusetzen.

die Form des Erdmagnetfeldes verformen können. Bei einem starken Sonnenwind prallen die Partikel mit so einer Wucht auf das Erdmagnetfeld, dass sie es an der sonnenzugewandten Seite zusammendrücken und an der abgewandten Seite wie einen Kometen in den interplanetaren Raum ausfransen lassen.

In den fünfziger Jahren des letzten Jahrhunderts begannen die Menschen, Raketen in den Weltraum zu schicken, was der Polarlichtforschung zugutekam. So entdeckte der US-amerikanische Astrophysiker James Alfred Van Allen (1914–2006) im Rahmen zahlreicher Raketenbeobachtungen einen Elektronenstrom im Polarlicht. Mithilfe von Satelliten machte er 1958 die Entdeckung des nach ihm benannten Van-Allen-Strahlungsgürtels. 1970 entstanden die ersten Polarlichtfotos aus dem Weltraum.

Die wissenschaftlichen Forschungen sind immer noch voll im Gange und es werden immer wieder neue Geheimnisse der Polarlichter gelüftet. So berichteten Bewohner, aber auch Wissenschaftler in allen Polarlichtgebieten übereinstimmend von Geräuschen, die bei extrem starken Polarlichtern auftreten.

Bis vor kurzem waren solche Polarlichtgeräusche nicht zu erklären. Es war nicht nachvollziehbar, wie für das menschliche Ohr wahrnehmbare Geräusche aus der Hochatmosphäre bis zur Erdoberfläche gelangen sollten. Nun ist ein weiteres Geheimnis gelüftet (siehe Seite 82). Weitere werden folgen!

▼ Kluane Lake, Yukon-Territorium, Kanada, 22. Februar 2016, 22:51 Uhr bis 23:15 Uhr. Vier unterschiedliche Nordlichter über dem Kluane Lake. Ich liebe Nordlichtnächte mit Halbmond: Der Mond leuchtet die Landschaft perfekt aus, die Nordlichter müssen nicht die stärksten sein, und trotzdem ist ihre Wirkung spektakulär.

▼ ► Riisitunturi-Nationalpark, Finnland, 7. Februar 2012, 22:50 Uhr und 22:59 Uhr. Eine traumhafte Vollmondnacht. Anders als im Licht des Halbmonds lassen sich Nordlichter in Vollmondnächten schwer fotografieren, denn meist strahlt der Erdtrabant zu hell. Sind die Nordlichter aber eher schwach, so trägt das Mondlicht das ganze Bild.

▲ Torneträsk-See, Schwedisch-Lappland, 22. September 2014, 18:51 Uhr. Nördlich des Polarkreises beginnt die Nordlichtsaison im September. Dann ist es dunkel genug, um das Phänomen zu beobachten.

► Torsvåg, Nordnorwegen, 25. September 2017, 21:18 Uhr. Schon bei der Ankunft am kleinen Hafen von Torsvåg suchte ich mir noch bei Tageslicht einen »Nordlichtplatz«. Ich entdeckte diesen kleinen, windgeschützten Ebbetümpel und dachte mir, das wäre ein perfekter Platz für Nordlichter mit Spiegelung … und genau so kam es dann auch.

# POLARLICHT WISSENSCHAFT

Dr. Felicitas Mokler

◄ Nikkaluokta, Schwedisch-Lappland, 16. September 2014, 21:37 Uhr. Eine kurze, aber heftige Nordlicht-eruption tauchte die Landschaft nahe Nikkaluokta in magisches Licht. Nur knapp eine Stunde später war vom See nichts mehr zu sehen – Bodennebel zog auf.

Polarlichter lassen sich mit den Gesetzen der Physik erklären. Von der Sonne strömen unablässig elektrisch geladene Teilchen in den Weltraum. Dieser Sonnenwind entsteht in der äußersten Schicht unseres Tagesgestirns, der Korona. Er besteht aus negativ geladenen Elektronen und positiv geladenen Atomkernen, im Wesentlichen Wasserstoff (Protonen), etwas Helium und in Spuren schwerere Elemente. Treffen diese Teilchen unter bestimmten Bedingungen auf die Erdatmosphäre, regen sie die Atome und Moleküle in ihr zum Leuchten an.

Die Atmosphäre umgibt die Erde als schützende Hülle. Sie reicht einige Hundert Kilometer hinaus in den Weltraum. Doch nur wenige Kilometer über dem Erdboden ist sie dicht genug, dass wir auch atmen können. Außerdem ändert sich ihre Zusammensetzung in größeren Höhen. Bis in etwa 80 Kilometer Höhe besteht die Lufthülle hauptsächlich aus molekularem Stickstoff, Sauerstoff ist zu 20 Prozent ebenfalls in molekularer Form enthalten, in geringen Mengen ist außerdem unter anderem Argon vorhanden. Allein die Konzentration von Wasserdampf schwankt

je nach trockenen oder feuchten Luftmassen. Auf dieser Skala werden die Luftmassen durch Konvektion gut gemischt. Oberhalb davon wird die Atmosphäre nicht mehr umgewälzt. Daher lagern sich die Gase dort je nach spezifischem Gewicht in niedrigeren Schichten ab oder reichen bis in höhere Schichten hinauf. Sauerstoff, der in unteren Schichten als $O_2$-Molekül existiert, liegt weiter außen zunehmend in atomarer Form vor, da die starke Sonneneinstrahlung die Molekülbindungen zerstört. Noch weiter außen geschieht dasselbe mit Stickstoff. Bis in 50 Kilometer Höhe ist die Luftschicht zudem weitgehend elektrisch neutral. Darüber befindet sich die sogenannte Ionosphäre, in der durch fotochemische Prozesse laufend geladene Teilchen entstehen, aber auch wieder neutralisiert werden. In den unteren Schichten der Ionosphäre richtet sich der Ionisationsgrad nach dem Tag-Nacht-Rhythmus, in höheren Lagen wird er vorwiegend durch die solare Aktivität bestimmt.

Zusätzlich zur Atmosphäre ist die Erde von einem Magnetfeld umgeben. Vereinfacht lässt es sich beschreiben, als würde es von einem Stabmagneten im Erdinneren erzeugt. Am magnetischen Nordpol, der in der Nähe des geografischen Südpols in der Antarktis liegt, treten die magnetischen Feldlinien bildlich gesprochen aus dem Globus heraus, umspannen die Erde und treten am magnetischen Südpol im Nordwesten von Kanada wieder in die Erde ein. Im Zusammenspiel mit wechselnden elektrischen Feldern in der Ionosphäre und dem Sonnenwind bildet das Erdmagnetfeld die Magnetosphäre. Durch den Sonnenwind wird die Magnetosphäre verformt, denn seine geladenen Teilchen transportieren selbst ein Magnetfeld. Auf der sonnenzugewandten Seite wird das irdische Magnetfeld gequetscht, auf der sonnenabgewandten Seite dagegen dehnt es sich als langgestreckter Schweif weit in den Weltraum hinaus aus. Treffen die geladenen Teilchen des Sonnenwinds auf das Erdmagnetfeld, werden sie zunächst auf die Rückseite der Erde umgelenkt. Ein Teil davon dringt dort in die sogenannte Plasmaschicht im Inneren des Magnetfeldschweifs vor. Das gewöhnliche Polarlicht entsteht, wenn Elektronen aus dieser Plasmaschicht zurück in Richtung Erde geschleudert werden.

Die Elektronen laufen dann auf Spiralbahnen die Feldlinien entlang und werden in Polnähe in Richtung der Erdoberfläche gelenkt. Diese Regionen, etwas südlich beziehungsweise nördlich der Pole und nicht ganz symmetrisch um diese herum, bilden das sogenannte Polarlichtoval.

◄ ▲ Island nahe dem Wasserfall Gullfoss, 1. März 2017, 19:38 und 19:40 Uhr. Beide Nordlichtbilder entstanden während einer Zeitrafferaufnahme. Das Schöne an den beiden Bildern ist nicht nur der stark ausgeprägte Nordlichtschleier, auch der Mond und die Abenddämmerung im Hintergrund sind für die Bildwirkung enorm wichtig.

◀ Abisko-Nationalpark, Schwedisch-Lappland, 14. Februar 2012, 22:15 Uhr. Ich suchte verzweifelt nach einem schönen Vordergrund. Da entdeckte ich die eingeschneiten Steine am Ufer des Torneträsk-Sees und konnte gerade noch rechtzeitig die intensiven Nordlichtschleier aufnehmen.

Dort, wo die Magnetfeldlinien in die Atmosphäre eintauchen, stoßen die Teilchen mit hohen Energien auf die Atome und Moleküle der Lufthülle und übertragen ihre Energie auf die Elektronen in deren Atomhüllen. Oftmals ist der Sonnenwind so energiereich, dass die Teilchen dem Atom die Elektronen ganz entreißen und so neue freie Elektronen entstehen. Diese besitzen meist ausreichend Energie, um ihrerseits Atome und Moleküle in niedrigeren Luftschichten in einen energetisch höheren Zustand zu versetzen.

Nach einer bestimmten Zeit fallen die Elektronen in den Atomhüllen wieder in den Grundzustand zurück und senden dabei Licht ganz bestimmter Wellenlängen (Emissionslinien) aus. Welche Energieniveaus angeregt werden und wie die Elektronen wieder in den Grundzustand zurückfallen, ist durch die Regeln der Quantenmechanik festgelegt.

Für atomaren Sauerstoff leuchtet einer dieser charakteristischen Übergänge gelbgrün, ein anderer rot, molekularer Sauerstoff leuchtet ebenfalls gelbgrün, rot und auch orange. Atomarer Stickstoff sendet Licht im grünen, molekularer Stickstoff im violetten und blauen sowie ebenfalls im roten und auch im dunkelroten Bereich aus. Die Farben entstehen in unterschiedlichen Höhen der Atmosphäre zwischen 90 und 500 Kilometern. Das Gelbgrün des atomaren Sauerstoffs bei etwa 120 bis 140 Kilometern ist am häufigsten zu beobachten, zum einen, da diese Linie sehr intensiv ist, zum anderen, da das menschliche Auge in diesem Spektralbereich am empfindlichsten ist.

▶ Brooks Range, Nordalaska, 4. Februar 2011, 22:25 Uhr. Dieses Nordlicht beeindruckte durch farbliche Vielfalt: grün – weiß – rot.

Ob und wie stark Polarlichter auftreten, hängt unter anderem von der Teilchendichte und Geschwindigkeit des Sonnenwinds ab. Dieser kann stark variieren. Ein Grund dafür ist, dass der aus den äquatornahen Zonen der Sonne kommende Teilchenstrom nicht ganz so energiereich ist wie derjenige aus den polnahen Regionen. Da die Bahn der Erde um die Sonne gegenüber dem Sonnenäquator etwas geneigt ist, erhält die Erde jeweils im September/Oktober und im März/April den energiereicheren Sonnenwind aus Regionen abseits des Sonnenäquators. Daher stehen die Chancen auf Polarlicht dann besonders gut.

Gelegentlich kommt es auf der Sonnenoberfläche außerdem zu Ausbrüchen, bei denen zusätzliche Materie in den Weltraum geschleudert wird (eine »coronal mass ejection« [CME]). Solche Materieeruptionen stehen häufig mit Sonnenflecken in Verbindung, die sich durch eine dunklere Färbung von der Sonnenoberfläche abheben. Diese dunklen Regionen sind meist paarweise zu beobachten, denn hier treten Magnetfeldlinien an einer Stelle aus der Oberfläche der Sonne aus und an der anderen wieder in diese ein. Die in den Magnetschleifen gebundene Materie ist kühler als die Umgebung, daher erscheinen diese Regionen dunkler oder schwarz. Brechen die Magnetfeldschleifen auf, können sie die in ihnen gebundene Materie weit hinaus ins All schleudern. Der Sonnenwind wird zum Sonnensturm. Auf der Erde bestehen dann beste Chancen auf eine fulminante Polarlichtshow im hohen Norden und auf Aurora-Sichtung bis in gemäßigtere Breiten. In einem Rhythmus von elf Jahren treten solche Sonnenflecken gehäuft

auf; das letzte Maximum wurde im Jahr 2014 erreicht, inzwischen nimmt die Aktivität wieder ab. Zu Zeiten maximaler Aktivität stehen auch die Chancen auf Polarlichter besonders gut.

Der Sonnenwind wird permanent von den Satelliten SOHO (der ESA und NASA) und ACE (der NASA) überwacht. Die Weltraumobservatorien messen Intensität und Geschwindigkeit der Teilchen sowie Stärke und räumliche Orientierung des transportierten Magnetfeldes. Je nach Geschwindigkeit braucht der Teilchenstrom von der Sonne zwei bis vier Tage, bis er die Erde erreicht. Polarlichtvorhersagen, die auf Webseiten wie www.aurora-service.eu zu finden sind, stützen sich auf diese wissenschaftlichen Daten. Sie geben unter anderem die Ausrichtung des Magnetfeldes als Bz-Wert an; ist dieses negativ, ist das interplanetare Magnetfeld entgegengesetzt zum irdischen, also südwärts ausgerichtet. Unter diesen Bedingungen durchdringen Teilchen des Sonnenwinds bevorzugt die Magnetosphäre der Erde.

Außerdem vermessen permanent 13 über den Erdball verteilte Magnetometer die geomagnetische Aktivität. Damit erfassen sie (auch) Veränderungen, die durch den Sonnenwind hervorgerufen werden. Daraus wird der sogenannte Kp-Index ermittelt, der ein Maß für die zu erwartende Polarlichtaktivität ist. Er wird auf einer Skala von 0 bis 9 angegeben. Für jeden Kp-Wert lässt sich darstellen, in welchen geografischen Breiten bei der entsprechenden Aktivität erfahrungsgemäß mit Polarlichtern zu rechnen ist. Bei 0 liegt die Zone noch nördlich von Norwegen, bei 9 dagegen reicht sie bis Norditalien.

Je energiereicher die Teilchen des Sonnenwinds oder einer CME sind, umso weiter südlich (beziehungsweise nördlich auf der Südhalbkugel) ist das Polarlichtoval ausgedehnt. Bei gewöhnlicher Polarlichtaktivität verläuft es etwa im Norden Islands sowie über Tromsø in Norwegen. Aufgrund des permanenten Sonnenwinds ist in diesen Regionen fast immer ein blasser grüner Bogen zu erkennen. Ob oder wie Polarlichter auch Geräusche erzeugen können, war lange unklar. Nach neuestem Stand könnte es knistern und knacken, wenn sich in der Inversionsschicht der Atmosphäre angesammelte Ladungen bei einem geomagnetischen Sturm entladen. Die Geräusche dürften dann in einer Höhe von etwa 70 Metern entstehen, also deutlich niedriger als jene Regionen, in denen Polarlichter leuchten, und damit auch für Aurora-Beobachter vom Boden aus hörbar sein. Dies erklärt durchaus plausibel, warum ein Knistern zwar keinesfalls durch Polarlichter verursacht wird, aber gelegentlich mit deren Sichtung einhergehen kann.

◀ ▲ Brooks Range, Nordalaska, 11. Februar 2011, 23:22 Uhr, und Kluane Lake, Yukon-Territorium, 22. Februar 2016, 23.20 Uhr. Zwei perfekte Nordlicht-spiralen im winterlichen hohen Norden: über den verschneiten Bergen der Brooks Range (links) und über dem zugefrorenen Kluane Lake (rechts).

► Nahe Reine, Lofoten, Nordnorwegen, 19. Februar 2013, 21:43 Uhr. In nur wenigen Sekunden baute sich diese riesige Nordlichtspirale über den zackigen Bergrücken der Lofoten auf. Mein 16-Millimeter-Weitwinkelobjektiv reichte noch gerade so aus, um sie zur Gänze auf den Chip zu bannen.

▼ Dempster Highway, Yukon-Territorium, 15. Februar 2010, 23:19 Uhr. Meine perfekte Nordlichtspirale – hier stimmte alles: Farbe, Intensität und eine makellos geschwungene Form.

▲ Westfjorde, Island, 27. Februar 2017, 19:10 Uhr. Bei dieser Aufnahme tobte nicht nur ein Nordlichtsturm am Himmel, sondern auch ein waschechter Sturm über der abgelegenen Region.

► Dempster Highway, Yukon-Territorium, Kanada, 15. Februar 2010, 22:49 Uhr. Ein starkes, grünlichweiß schimmerndes Polarlicht tanzte über den tief verschneiten Bäumen.

▲ Repparfjord, Nordnorwegen, 28. Februar 2013, 21:55 Uhr. Ein farb- und formvollendetes Polarlicht über der nordnorwegischen Küste. Einige Tupfer Rot erzeugten das gewisse Etwas.

◄ Repparfjord, Nordnorwegen, 28. Februar 2013, 22:15 Uhr. Über der etwas eintönigen Landschaft entfaltete sich von einer Minute zur nächsten ein wahres Spektakel: Zwei Nordlichtspiralen zeichneten ein Herz ans Firmament.

◄ Lyngenalpen, Nordnorwegen, 9. März 2012, 04:43 Uhr. Nordlicht oder Gespenst? Die irrste Nordlichtform, die ich in knapp 20 Jahren Polarlichtfotografie erleben durfte, zeigte sich in dieser legendären Märznacht.

▲ Island nahe dem Gullfoss Wasserfall, 1. März 2017, 19:52 Uhr. Eine riesige Nordlichtspirale schob sich weit hinauf in den Himmel. Trotz 14 Millimeter Brennweite musste ich meine Kamera ins Hochformat schwenken, um das Nordlicht ins Bild zu bekommen.

▲ Torneträsk-See, Schwedisch-Lappland, 22. September 2014, 18:08 Uhr bis 18:09 Uhr. Abenddämmerung mit Nordlicht: Ich mag diese Reihe besonders, weil sie das Nordlicht in vier perfekten Variationen zeigt und durch die hinter den Bergen aufblitzende Dämmerung die Farbpalette zusätzlich erweitert.

► Kluane Lake, Yukon-Territorium, Kanada, 22. Februar 2016, 23:51 Uhr. So beginnen die meisten Nordlichter: Zunächst zeigt sich ein langer grüner Bogen am Himmel, der, wenn die Nordlichter stärker werden, zu tanzen beginnt.

► Lyngenalpen, Nordnorwegen, 9. März 2012, zwischen 05:15 Uhr und 05:23 Uhr (links), und Repparfjord, Nordnorwegen, 28. Februar 2013, zwischen 21:59 Uhr und 22:00 Uhr (rechts). Wenn die Korona im Zenit, senkrecht über dem Betrachter, erscheint, hat das Nordlicht seinen Höhepunkt erreicht. Am 9. März 2012 zeigte der Kp-Index (ein Gradmesser für Polarlicht-erscheinungen) Stufe 9 (von 9), am 28. Februar 2013 Stufe 6.

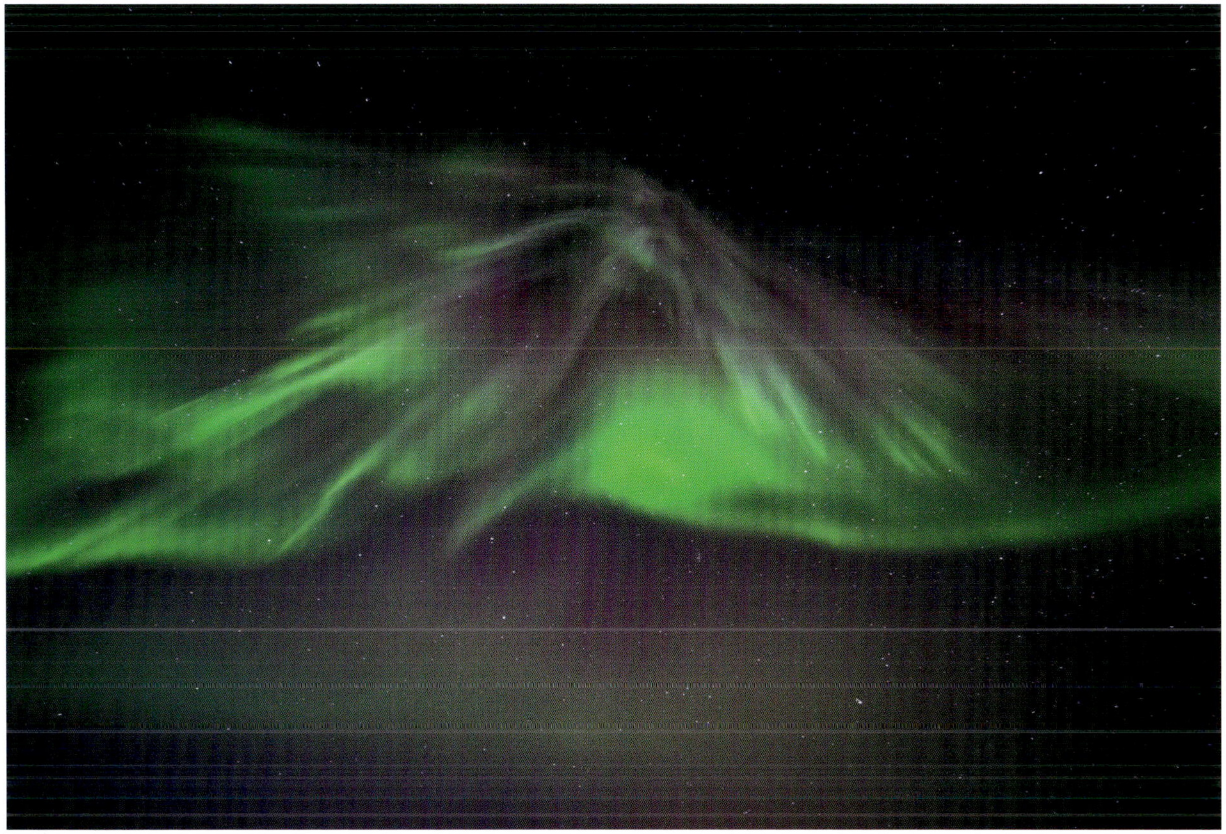

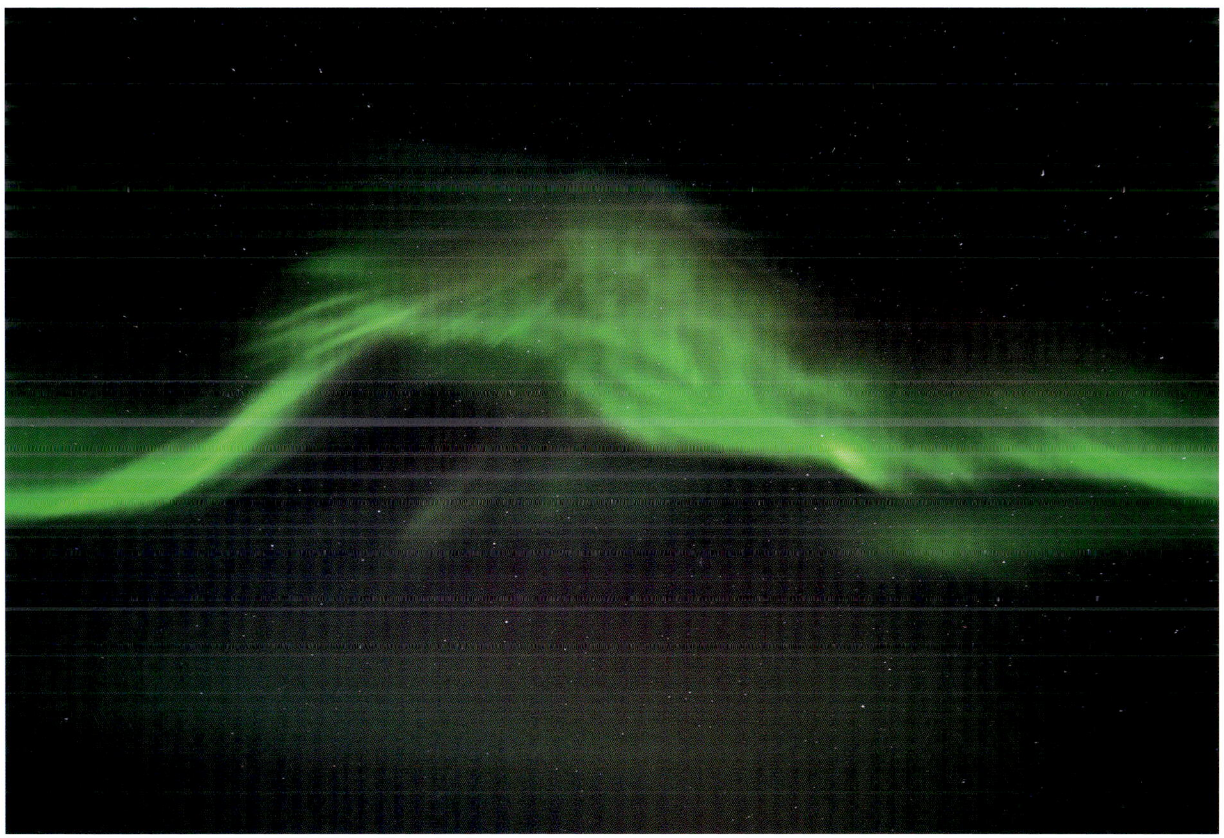

▶ Region Mývatn, Island, 3. Februar 2015, 23:01 Uhr. In dieser Nacht konnte ich, obwohl die Nordlichter ihre grandiose Inszenierung am Himmel aufführten, nur dieses eine Nordlichtmotiv schießen. Es pfiff ein Orkan, der mein Stativ einfach wegblies und jedes Fotografieren praktisch unmöglich machte.

# MYTHOS POLARLICHT

Torsvåg, Nordnorwegen, 25. September 2017, 21:22 Uhr. Wenn die Landschaft nicht wirklich spektakulär ist, dann bieten sich Seen oder kleine Ebbetümpel als Vordergrund für Nordlichter an.

Heute, im 21. Jahrhundert, sind die meisten Rätsel der Polarlichter gelöst. Es gibt komplexe wissenschaftliche Erklärungen für Entstehung, Farben und Formen der Polarlichter. Allerdings gelang der entscheidende Durchbruch erst vor etwa hundert Jahren. Weil eine wissenschaftliche Begründung so lange auf sich warten ließ, suchten die Menschen nach anderen Erklärungen für das Leuchten am nächtlichen Himmel.

Im Lauf der Zeit entwickelten sich weltweit die unterschiedlichsten Erzählungen rund um die Aurora borealis. Grundsätzlich muss man zwischen Erklärungsversuchen von Menschen unterscheiden, die innerhalb der Polarlichtzonen lebten, also im äußersten Norden oder Süden der Welt, und von Menschen, die in mittleren Breiten ansässig waren. Dort, wo man fast täglich mit dem Phänomen Polarlicht konfrontiert war, haben diese Himmelsphänomene Spuren in Kultur und Religion hinterlassen. Es entstanden eigene Mythen und Sagen zum Polarlicht. In Mittel- und Südeuropa, wo Polarlichter äußerst selten auftreten, hat

sich hingegen kein eigener Mythenkanon entwickelt. Erscheinungen, die, wenn sie denn einmal auftraten, meist als blutrot aufflammender Himmel wahrgenommen wurden, wie bei Polarlichtern in mittleren Breiten üblich, mussten fast zwangsläufig als schlechtes Omen gelten.

Mittelalterliche Polarlichtbeschreibungen aus Mittel- und Südeuropa sind fast immer mit Angst durchsetzt. Das Leuchten am Himmel wurde als Schreckensbotschaft und Mahnung Gottes aufgefasst. In Zeiten von Kriegen, Seuchen und extremer Armut in weiten Teilen der Bevölkerung, gestützt von einer Religion, die die Apokalypse als Realität propagierte, lag eine solche Reaktion nahe. Die Menschen suchten nach Erklärungen für den Schrecken, der ihnen widerfuhr, und konnten im Kontext der damaligen Religion, die ihren Alltag bestimmte, die Polarlichter nur als Zeichen Gottes deuten. Dabei war es ein Leichtes, den seltenen Sichtungen der unheimlichen Himmelsphänomene im Nachhinein negative Ereignisse zuzuordnen. Bezeichnend ist in diesem Zusammenhang auch, dass es außerhalb Skandinaviens in Europa bis ins 18. Jahrhundert hinein keine eigene, verbindliche Bezeichnung für das Nordlicht gab. Das Polarlicht war ein düsteres Ereignis, dem entsprechende Namen wie »glühende Schlange«, »feuriger Spieß«, »Feuerzeichen« oder »lodernder Drache« zugedacht wurden.

Ab der Neuzeit gab es dann mehr und mehr sachliche Erklärungen für das Polarlicht; die wissenschaftliche Erforschung dieses Naturphänomens nahm ihren Lauf. Olaus Magnus (1490–1557), Tycho Brahe (1546–1601) oder Absalon Pedersson Beyer (1528–1575) beschrieben Polarlichter ohne apokalyptische Züge. Dabei konnten sie auf die Vorarbeit antiker Autoren wie Aristoteles (384–322 v. Chr.), aber auch Seneca und Plinius (beide lebten im 1. Jahrhundert n. Chr.) zurückgreifen.

Während also Nordlichter für die Menschen außerhalb der Polarlichtzonen bis vor gar nicht allzu langer Zeit etwas Seltenes, meist Schreckliches und Unheilbringendes waren, entwickelten Bewohner des Polarlichtovals selbst andere und deutlich komplexere Erklärungen. Die Polarlichter kamen hier so häufig vor, dass ihnen nicht jeweils ein Schreckensszenario zugeordnet werden konnte. Dabei sind diese Erklärungen so unterschiedlich wie vielfältig. Selbst die Inuit, die Bewohner des Nordens schlechthin, entwarfen keinen einheitlichen Mythos. Immer wieder ist etwas oder jemand anderes Urheber des Polarlichts. Im Folgenden sollen, nach Regionen geordnet, einige Vorstellungen unterschiedlicher Kulturen des Nordens vorgestellt werden.

◄ Halbinsel Snæfellsnes, Island, 28. Februar 2017, 19:22 Uhr. Noch während der blauen Stunde begannen die Nordlichter am Himmel zu tanzen.

▲ Andøya, Inselgruppe der Vesterålen, Nordnorwegen, 21. Februar 2013, 22:19 Uhr. Plötzlich schimmerte für wenige Minuten ein grünes Nordlicht auf – eines meiner Lieblingsbilder entstand.

◀ Repparfjord, Nordnorwegen, 28. Februar 2013, 20:35 Uhr. Ein prächtiges Polarlicht – mit noch ein wenig mehr Weitwinkel hätte ich sogar noch die Nordlichtkrone mit aufs Bild bekommen.

Schon die alten Wikinger erzählten sich fantasiereiche Geschichten, um das Polarlicht zu erklären. Die Walküren, geisterhafte weibliche Wesen, sollen die auf dem Schlachtfeld gefallenen tapferen Krieger nach Walhalla geführt haben, während sich ihre glitzernden Rüstungen und Schilder im Sonnen- oder Mondlicht spiegelten und die Nordlichter tanzen ließen.

Häufig waren es besondere weibliche Wesen, die für die Polarlichter verantwortlich gemacht wurden. So wird zum Beispiel in einigen skandinavischen Regionen davon berichtet, dass die Nordlichter funkelten, weil die Seelen von vor Kurzem verstorbenen, unverheirateten Frauen am Himmel tanzten und Feuer machten – oder, so in Norwegens Nordwesten, den Zurückgebliebenen vom Himmel aus zuwinkten.

Auch die Ureinwohner Skandinaviens, die Sami, schrieben die Entstehung der Nordlichter oft Frauen zu. So gab es in Schwedens hohem Norden mancherorts die Vorstellung, dass Frauen um eine Feuerstelle tanzen und ihre Unterhosen hinter sich herziehen würden. Im finnischen Samland wurde erzählt, dass die Seelen derjenigen, die im Kampf gefallen sind, im Polarlicht weiterkämpften. Einige Sami auf der russischen Kola-Halbinsel sahen in den Nordlichtern ebenfalls die Geister Ermordeter. In der Sprache der Sami heißt »Nordlicht« auch »guovssahasah«, was so viel bedeutet wie »Abend-« oder »Morgenröte«. Nach den Erzählungen der Sami besitzt das Nordlicht eine Seele,

▶ Lyngenalpen, Nordnorwegen, 9. März 2012, 05:21 Uhr. Eigentlich bin ich kein großer Fan von Hochformatbildern. Manche Nordlichter aber zwingen einen fast zu diesem Format, wie diese lange Nordlichtspirale über dem Lyngenfjord.

die man durch Pfeifen heranlocken kann, was aber nicht ungefährlich sein soll. Man muss aufpassen, dass einen das Nordlicht nicht holt!

Im Norden Skandinaviens wurden die seltsam blitzenden Lichter auch lange als »Heringsblitz« gedeutet. Man glaubte, das Mondlicht werde von den glitzernden Fischrücken großer Heringsschwärme reflektiert und an den Sternenhimmel projiziert. Dieses Phänomen existiert tatsächlich, allerdings äußert es sich nicht als Nordlicht und wird auch nicht von Heringen erzeugt, sondern von riesigen Phytoplanktonschwärmen. Dieses Plankton strahlt Licht ab, wenn es in der Nacht an die Meeresoberfläche aufsteigt. Dort stürzen sich Heringsschwärme darauf, was zu der Annahme führte, die Heringe würden leuchten.

In anderen Regionen erzählte man sich, die von Walen ausgestoßenen Wasserfontänen erzeugten das Polarlicht. Finnische Sagen berichten von einem Feuerfuchs, der über eine Schneefläche jagt und mit seinem Schwanz Schneeflocken aufwirbelt, deren Spur als Nordlicht am Himmel zu bewundern ist. An anderer Stelle ist davon die Rede, dass der Fuchs sein Fell am nackten Fels reibt und die sprühenden Funken als Nordlichter am Himmel erscheinen. Das finnische Wort »revontulet« bedeutet »Nordlicht«, aber auch »Feuerfuchs«.

Im hohen Norden Nordamerikas sowie in Grönland, das aus geografischer Sicht zum nordamerikanischen Kontinent gehört, ist

► Annfjord, Langøya, Vesterålen, 16. September 2016, 23:58 Uhr. Eines meiner absoluten Lieblingsbilder. Hier stimmt einfach alles: wunderschöne Berge, ein spiegelglatter Fjord, Mondlicht und darüber ein tanzendes Polarlicht, das sich im Wasser spiegelt.

die Kultur der Inuit bestimmend. Das Verbreitungsgebiet der Inuit erstreckt sich von Ostgrönland über Nordkanada und Alaska bis hinüber nach Tschukotka im äußersten Nordosten Sibiriens – ein riesiges Gebiet. Nicht verwunderlich also, dass sich feine regionale Unterschiede sowohl in der Lebensweise und Sprache als auch in der Weltanschauung entwickelt haben. Ähnlich wie die Sami in Skandinavien leben die Inuit fast alle (vielleicht mit Ausnahme der Polarinuit) in Gebieten, in denen bei klarem Himmel fast jede Nacht Polarlichter zu bewundern sind, sodass sich fast zwangsläufig eine eigene Mythenwelt rund um das Nordlicht entwickelt hat.

Manche ostgrönländischen Inuitgruppen sahen in den Lichtern die Seelen der bei der Geburt verstorbenen Kinder. Manchmal waren diese Seelen glücklich. Sie tanzten und spielten mit den Knochen eines Walrosses Fußball, was in den leuchtenden Bahnen der Polarlichter sichtbar wurde. In Ostgrönland heißen Nordlichter deshalb auch »arsarnerit«, was so viel bedeutet wie »Ballspieler«. Nach Ansicht der Inuit kommunizieren die Seelen verstorbener Kinder in manchen Nächten mit den Lebenden. Bei starken Nordlichtern sind dann Töne zu hören. Es knistert, flüstert, pfeift und rauscht. Hört man die Stimmen, dann sollte man mit einem leisen Flüstern antworten. So kann man die »Ballspieler« näher zur Erde locken. Es ist aber Vorsicht geboten. Den Toten ist unbedingt Respekt zu zollen, sie wollen geachtet werden. Wer die »arsarnerit« leichtfertig anlockt, der könnte das mit seinem Leben bezahlen. Verärgert man die Seelen der Verstorbenen,

dann können sie im Sturzflug vom Himmel herunterschießen und die Menschen ergreifen. Lautes Klatschen soll helfen, die Seelen zu vertreiben.

Auch in Westgrönland und dem östlichen Kanada (Baffin Island, Neufundland) erklärte man sich das Nordlicht durch Ballspieler. Man glaubte, dass die Seelen der Verstorbenen mit einem Walrossschädel fröhlich Fußball spielten und man ihre Spur am Himmel sähe. Das Knacken und Knistern, von dem bei sehr starken Polarlichtern immer wieder berichtet wird, wird in dieser Vorstellung von den himmlischen Ballspielern erzeugt, wenn sie über den harten Schnee laufen.

Bei den Yupik, den Inuit Westalaskas, waren es dagegen die Tiere selbst, die angeblich Ball spielten. So glaubten die Yupik auf Nunivak Island, einer kleinen Insel inmitten der stürmischen Beringsee, dass das Leuchten am Himmel durch Walrosse hervorgerufen würde, die mit den Schädeln verstorbener Menschen Fußball spielten.

Die Labrador-Inuit, aber auch Gruppen rund um die Hudson Bay und in Québec entwickelten wiederum andere Vorstellungen von der Entstehung der Polarlichter. Sie glaubten, dass die Verstorbenen, die ins »himmlische« Jenseits gelangen wollten, eine gefährliche Reise über einen schmalen Weg, immer am Abgrund entlang, hinter sich bringen mussten. Zugang zum »Himmelreich« hätten dabei lediglich diejenigen, die eines nicht natürlichen Todes gestorben sind. Neben Tod durch Gewalteinwirkung galt dies auch für Mütter, die bei der Geburt ihrer Kinder verstorben waren, sowie Menschen, die den Freitod gewählt hatten. Alle anderen, die eines natürlichen Todes starben, traten in die Unterwelt über, wo sie fortan ein Leben frei von Sorgen des Alltags führten.

Die freundlichen Seelen der bereits Verstorbenen sollen den Neuankömmlingen mit Fackeln den Weg ins himmlische Reich weisen – die Nordlichter beginnen zu tanzen. Auch diese Erzählungen berichten von knackenden, pfeifenden Geräuschen, die sie als Stimmen der Geister, die in Kontakt mit den Lebenden treten wollen, erklären. Und auch hier gibt es immer wieder die Mahnung, die Geräusche und damit die Verstorbenen mit Respekt zu behandeln. Lautes Reden, Lachen oder

◄ ► Tasiilaq, Ostgrönland, 22. Februar 2017, 01:52 und 02:12 Uhr. Beide Polarlichter flackerten in derselben Nacht über dem kleinen Inuitdorf. Eigentlich war es nicht sonderlich kalt, das Thermometer zeigte milde minus 12 Grad. Es blies aber ein eisiger Wind über den Fjord. Durch den Wind fühlten sich die angenehmen minus 12 Grad leider wie unangenehme minus 20 Grad an.

Zuwinken galt als äußerst gefährlich. Es könnte dazu führen, dass die Nordlichter auf die Erde kommen und sich die Respektlosen greifen.

Im Hinblick auf die Nordlichtvorstellungen der Inuit lässt sich festhalten, dass keine der Erklärungen Polarlichter für ein schlechtes Omen hielt oder sie gar als etwas Feindliches ansah. Respekt war hier das zentrale Element. Lediglich die Inuit rund um Point Barrow (Nordalaska) sahen die Nordlichter eher skeptisch. Sie trugen in der Vergangenheit Messer bei sich, um sich vor den Polarlichtern zu schützen.

Weiter im Süden heimische Bevölkerungsgruppen, zum Beispiel die Tlingit in Südostalaska oder die nahe Cordova (South Central Alaska) ansässigen Eyak, in deren Heimat Nordlicht keine alltägliche Erscheinung war, fassten das Leuchten am Himmel hingegen eher als schlechtes Omen auf. Für die Eyak verwies das Polarlicht auf einen gewaltsamen Todesfall, für die Tlingit auf eine nahende Schlacht.

Auch die im zentralen Norden Alaskas und im kanadischen Yukon-Territorium beheimateten, zur athabaskischen Sprachgruppe gehörenden Gwich'in begegneten Polarlichtern mit Furcht, aber vor allem mit großem Respekt. Velma Wallis, die Autorin des Nordklassikers *Two Old Women*, die selbst aus dem Volk der Gwich'in stammt, beschrieb die Einstellung ihres Stammes zu der Himmelserscheinung folgendermaßen: »We were told that northern lights was a spirit ... All the elements of nature were spirits ... and you could easily rouse the northern lights by whistling ... There were stories of people who had whistled at the northern lights ... and they were taken.« (»Uns wurde erzählt, Nordlichter wären Geister ... alle Elemente des Naturkreislaufs wären Geister ... und man könne Nordlichter durch Pfeifen leicht aufschrecken ... Es gab Erzählungen von Menschen, die bei Nordlicht gepfiffen hatten ... und sie wurden geholt.«)

Da das Polarlichtoval Nordamerika eindeutig bevorzugt, sprich dort deutlich weiter nach Süden reicht als anderswo, konnten hier relativ häufig Nordlichter beobachtet werden. Dies spiegelt sich auch im Schöpfungsmythos einiger dort ansässiger Bevölkerungsgruppen wider. Berühmt und oft zitiert ist der sogenannte Manabozho-Mythos der Algonkin. Die Bezeichnung »Algonkin« beschreibt ein aus zahl

◄ Westfjorde, Island, 29. Januar 2015, 23:24 Uhr. Ein Schneesturm nach dem anderen zog über die Westfjorde hinweg. Erst am späten Abend riss die Wolkendecke für wenige Minuten auf und gab den Blick auf die Nordlichter frei.

reichen Gruppen bestehendes Volk nordamerikanischer Ureinwohner, das der indigenen Algonkin-Sprachfamilie ihren Namen gegeben hat. Die Algonkin lebten ursprünglich als Jägervolk im Tal des Flusses Ottawa, der heute die Grenze zwischen den beiden kanadischen Provinzen Ontario und Québec bildet.

Manabozho (»der große Hase«) war eine wichtige Figur in der Vorstellungswelt dieses Volkes. Er ist eine Tricksterfigur, wie sie in vielen Mythen nordamerikanischer Indianer vorkommt. Ein Trickster fungiert häufig als sogenannter Kulturheros, der den Menschen ein wichtiges Kulturgut bringt. Er kann ein mächtiger Schöpfer sein und doch zugleich schelmisch und zu mancherlei Späßen aufgelegt. Je nach Ursprungsmythologie werden Trickster als Halbgötter, Geister oder Tiergestalten beschrieben. In der Sagenwelt der Algonkin rettete der Kulturheros Manabozho die Menschen vor einer großen Flut, indem er eine riesige Insel, die Landmassen der Erde, schuf. Er blieb eine Weile bei ihnen und verließ sie dann Richtung Norden. Er versicherte dabei, dass er immer an ihrem Wohlergehen interessiert bleibe und von Zeit zu Zeit riesige Feuer entzünden werde, um die Menschen an seine Anwesenheit zu erinnern. Seitdem sollen sich die Feuer am nördlichen Himmel immer wieder in Form der leuchtenden Polarlichter gezeigt haben – auch hier begegnen wir einer positiven Interpretation des so rätselhaften Nordlichtphänomens.

► Lofoten, Nordnorwegen, 23. September 2014, 20 : 34 Uhr. Es war purer Zufall, dass ich damals mit meinem Campingbus noch diesen schönen Übernachtungsplatz an der Küste fand. Das Nordlicht erschien, während ich Nudeln kochte … die dann natürlich unangetastet stehen bleiben mussten.

▼ Repparfjord, Nordnorwegen, 28. Februar 2013, 22 : 05 Uhr. Eine beeindruckende Nordlichtspirale. Es gehört ein wenig Glück dazu, dass das schnell über den Himmel flackernde Nordlicht nicht während der Belichtung aus dem Bild wandert.

# POLARLICHT FOTOGRAFIE

Ich werde oft gefragt: Wie fotografiert man eigentlich Polarlichter? Ich antworte dann gern: Es kommt darauf an: nämlich darauf, wie stark das Polarlicht ist, welche Kamera und welches Objektiv man zur Verfügung hat, ob der Mond am Himmel steht oder es stockdunkel ist, ob sich die Nordlichter bewegen oder ob sie am Himmel stehen ... Im Folgenden möchte ich den begeisterten Nordlichtfotografen ein paar Tipps geben, die mir in den letzten 20 Jahren sehr weitergeholfen haben.

◄ Reine, Lofoten, Nordnorwegen, 19. Februar 2013, 21.52 Uhr. Perfekte Bedingungen, ein perfektes Nordlicht: eine Temperatur von angenehmen minus zwei Grad, das sanfte Licht des Halbmondes, zackige Berge, ein malerischer Fjord und darüber eine wunderschöne Nordlichtspirale.

### Anmerkungen zur Ausrüstung

Polarlichter leuchten am nächtlichen Himmel. Manchmal sind die Lichter so stark, dass es beinahe taghell wird. Allerdings ist dies nur bei sehr intensiven Polarlichtern der Fall. In der Regel ist es dunkel. Um die Polarlichter dann auf den Sensor zu bannen, sind entweder lichtstarke Objektive notwendig oder man variiert die ASA-Einstellung an der Kamera.

◄ Kluane Lake, Yukon-Territorium, Kanada, 23. Februar 2016, 23:51 Uhr. Es war kalt in dieser Nacht. Die Temperatur sank auf minus 35 Grad. Zum Glück war mein Auto nur etwa 50 Meter entfernt, sodass ich mich während des Wartens immer wieder aufwärmen konnte.

Früher, im analogen Zeitalter, arbeitete der Landschafts- und Nordlichtfotograf meistens mit dem guten, alten Fuji-Velvia-Diafilm, der mit einer Filmempfindlichkeit von – sage und schreibe – 50 ASA ausgestattet war. Wollte ich also damals Nordlichter fotografieren, so benötigte ich sehr, sehr lichtstarke Objektive. Linsen mit einer Lichtstärke von 2,8 oder 1,8, wenn nicht gar 1,4 waren nötig, um die nächtlichen Erscheinungen auf Film zu bannen. Polarlichtfotografie war also sehr teuer, denn diese Linsen kosteten mehrere Tausend Euro. Oft pushte ich meinen Fuji Velvia 50 auf 100 ASA oder ich griff gleich zum Fuji Provia 100. Die Polarlichtfotografie war damals also noch richtig anspruchsvoll. Man musste über teure, lichtstarke Linsen verfügen und man musste genau wissen, wie lange man ein Motiv belichtete. Es gab auch nicht die Möglichkeit, sofort am Bildschirm der Kamera die Belichtung zu überprüfen. Viel Erfahrung war notwendig, um ein gutes Polarlichtfoto zu erstellen.

Heute, im digitalen Zeitalter, hat sich alles verändert. Bei den modernen Kameras lässt sich die ISO-Einstellung fast beliebig nach oben variieren. Teure, lichtstarke Objektive sind nicht mehr unbedingt notwendig. Trotz der extremen Erleichterungen durch die digitalen Möglichkeiten muss aber auch heute noch einiges beachtet werden. Die Kameraausrüstung betreffend empfehle ich noch immer und trotz der Möglichkeit, die ISO-Zahl der Kamera auf 1600, 3200 oder gar 6400 ASA nach oben zu drehen, lichtstarke Objektive mit einer Anfangsblendenöffnung von mindestens 2,8. Warum? Zum einen habe ich dann die Möglichkeit, meine Blende um eine Blendenöffnung zu schließen (auf Blende 4), was meine Abbildungsqualität erhöht, zum anderen kommen die Details eines sich bewegenden Polarlichts umso schöner zur Geltung, je kürzer es belichtet wird. Die meisten Polarlichter stehen nicht am Himmel, sondern tanzen am nächtlichen Firmament. Das heißt, sie bewegen sich manchmal in unglaublicher Geschwindigkeit. Um diese Lichter »einfrieren« zu können, sind kurze Verschlusszeiten nötig, und die bekomme ich entweder mit lichtstarken Objektiven oder mit hohen ISO-Zahlen. Je höher ich die ISO-Zahl an meiner Kamera einstelle, desto stärker wird aber das unangenehme Bildrauschen, und die Bild-

▶ Gletscherlagune Jökulsárlón, Island, 21. März 2016, 00:01 Uhr. Ich wollte für dieses Buch unbedingt noch Nordlichter über der Gletscherlagune Jökulsárlón fotografieren. Also machte ich mich im März nochmals auf nach Island – und bereits in meiner allerersten Nacht wurde ich für meine Mühen belohnt …

qualität nimmt ab. Die meisten modernen, digitalen Kameras bringen allerdings auch im hohen ISO-Bereich gute Bildergebnisse. Kameras mit einem Vollformatsensor, also einem Sensor, der dem Bildformat des 35-Millimeter-Kleinbildfilms (24 mal 36 Millimeter) entspricht, sind meistens ein wenig besser, da den einzelnen Pixeln hier mehr Raum gegeben wird, was sich positiv auf die Qualität der Bilder auswirkt – besonders im hohen ISO-Bereich.

Um auf Polarlichtpirsch zu gehen, ist man am besten folgendermaßen ausgestattet: mit einer Kamera mit großem Sensor (Sensor im Kleinbildformat 24 mal 36 Millimeter), einem lichtstarken Weitwinkelobjektiv (oftmals nehmen die Polarlichter den ganzen Himmel ein, sodass man grundsätzlich sagen kann: je weitwinkliger, desto besser; empfehlenswert ist ein Zoomobjektiv, zum Beispiel ein 16–35-Millimeter- oder noch besser ein 14–24-Millimeter-Zoom), einem Fern- beziehungsweise Kabelauslöser, einem bis zwei voll aufgeladenen Akkus und natürlich einem Stativ – ohne ein stabiles Stativ ist Polarlichtfotografie nicht möglich, da niemand aus der freien Hand Belichtungszeiten zwischen 2 und 60 Sekunden verwacklungsfrei halten kann.

### Technische Tricks: Belichtungszeit und Blenden

Wir stehen nun draußen bei minus 20 Grad und warten auf das Polarlicht. Dann erscheint es, anfangs meist als blasser, grünlich schimmernder Bogen. Manchmal ist der Lichtschein so schwach, dass er mit bloßem Auge fast nicht als Polarlicht zu identifizieren ist. Ich mache dann immer eine Probeaufnahme in den nächtlichen Himmel. Die Sensoren moderner Digitalkameras sind so hochempfindlich, dass sie auch ein extrem schwaches Licht aufnehmen können. Das, was meine Augen als weißlich schimmernden Bogen wahrnehmen, bildet die Kamera schon leicht grünlich leuchtend ab. Für mich ein Signal: Achtung, ein Polarlicht entsteht. Wie belichte ich jetzt dieses Polarlicht? Ich stelle meine Kamera auf Bulb (das heißt, ich bestimme durch das Drücken des Auslösers, wie lange die Kamera belichtet), drehe sie auf manuelle Belichtung, öffne die Blende meines Objektives so weit wie möglich, stelle meine ISO-Zahl ein (ich entscheide mich meist für

◀ Westfjorde, Island, 27. Februar 2017, 19:13 Uhr. Ich kochte gerade in meinem Campingbus gemütlich Nudeln, plötzlich explodierte der Himmel. Zum Glück hatte ich in weiser Voraussicht mein Fotoequipment fertig aufgebaut und musste nur noch auf den Auslöser drücken.

ISO-Zahlen zwischen 800 und 1600 ASA – abhängig von der Stärke des Polarlichts und den Fremdlichtquellen wie Mond oder anderen Lichtquellen), stecke meinen Kabelauslöser in die Kamera und fange an zu belichten. Dabei zähle ich die Sekunden. Ein stehendes Polarlicht belichte ich so lange wie nötig, das heißt, so lange, dass ich es deutlich auf meinem Bildschirm sehen kann. Ein schwaches, stehendes Polarlicht kann man ruhigen Gewissens bis zu 60 Sekunden oder sogar länger belichten, da hier keine Bewegung einzufrieren ist.

Fängt das Polarlicht an zu tanzen und heller zu werden, dann sollte man die Belichtungszeit so kurz wie möglich halten. Jetzt beginnt die wahre Kunst der Polarlichtfotografie. Ich habe anfangs erwähnt, dass im digitalen Zeitalter alles einfacher ist, da man das Resultat sofort am Kameradisplay überprüfen kann und sich ein negatives Ergebnis bei der nächsten Aufnahme korrigieren lässt. Dies stimmt aber nur bedingt, da ein Polarlicht sich extrem schnell verändert. Nehmen wir mal an, das Polarlicht hatte für zehn Sekunden eine absolut grandiose Form, dann wäre es natürlich fatal, wenn diese einmalige Form nicht adäquat auf den Sensor gebannt würde. Denn auch wenn man sofort wieder auslöst – das Polarlicht ist schon weitergewandert, schwächer geworden, hat seine besondere Form bereits verändert oder an Intensität verloren! Es ist also enorm wichtig zu wissen, wie lange ich welches Polarlicht belichten muss. Hier gibt es aber keine Regeln. Hier zählt die Erfahrung. Die zu empfehlende Belichtungszeit hängt von der Stärke des Lichts ab.

▼ Höfn, Island, 22. März 2016, 21:55 Uhr. Ich spekulierte schon bei der Suche nach meinem Schlafplatz auf Nordlichter und stellte meinen Campingbus direkt neben diesen kleinen Tümpel. Ich hatte Glück ...!

► Gletscherlagune Jökulsárlón, Island, 20. März 2016, 23:55 Uhr. Hier musste ich zum Fisheye-Objektiv greifen, um das Polarlicht in seiner vollen Ausdehnung einfangen zu können.

Ich persönlich versuche normalerweise, die Belichtungszeit so kurz wie möglich zu halten, um das Polarlicht in seinem ganzen Detailreichtum abzubilden. Zwischen zwei und zehn Sekunden sind ideal (schwächere Polarlichter erfordern eine längere Belichtungszeit). Merke ich, dass das Polarlicht während der Belichtung an Intensität zunimmt, breche ich sofort ab, um eine Überbelichtung zu vermeiden – überbelichtete Aufnahmen sind auch nachträglich im Photoshop nur schwer zu retten. Kommen Faktoren wie Mondlicht oder das Licht eines Hauses oder einer Stadt als Parameter hinzu, ändert sich wiederum alles. Je heller eine Fremdlichtquelle leuchtet, desto weniger lang muss das Motiv belichtet werden.

### Zur Bildgestaltung: die Landschaft unter dem Himmel

Ich sehe sehr oft Polarlichtbilder, die zwar das Lichtphänomen am Himmel wunderbar einfangen, die aber auf die Landschaft, über der es leuchtet, nur geringen Wert legen. Für mich ist das Umfeld mindestens genauso wichtig wie das Polarlicht selbst. Die wahre Kunst der Polarlichtfotografie besteht meiner Meinung nach heute sogar darin, ein fantastisches Lichtphänomen über einer mindestens ebenso grandiosen Landschaft einzufangen.

Ich suche mir deshalb üblicherweise noch bei Tageslicht geeignete Plätze, die ich nachts schnell erreichen kann. Besonders schön sind zum Beispiel die bergigen Fjordlandschaften Nordnorwegens. Eine wunderbare Wirkung entfalten auch Seen, wenn sich das Polarlicht in ihnen spiegelt. Berühmt sind die Bilder, in denen ein beleuchtetes Zelt in einer unberührten Winterlandschaft steht und darüber die Nordlichter flackern – allerdings sind diese Fotos durchweg gestellt. Auch tief verschneite Bäume, urige Holzhütten oder ganze Städte bieten sich als Bühne für beeindruckende Bilder von Nordlichtern an.

Am liebsten fotografiere ich Nordlichter in Nächten mit Halbmond. Der halbe Mond wirft dabei gerade so viel Licht auf die umgebende Landschaft, dass sie noch als solche zu erkennen ist und zum Bestandteil des Bildes wird. Auch sind in Mondnächten in der Regel nur sehr kurze Belichtungszeiten (oftmals nur zwei bis vier Sekunden) nötig, was wiederum dem Foto zugutekommt. In solchen Nächten zahlen sich extreme Weitwinkelobjektive aus. Denn will man ein Polarlicht fotografieren, das weit in den Himmel hinaufreicht, und zudem die beeindruckende Landschaft auf den Sensor bannen, dann braucht es oft Brennweiten von 14 oder gar 12 Millimetern.

◄ ▲ Lappeasuando, Schwedisch-Lappland, 7. Dezember 2015, 19:53 Uhr (links), und Central, Alaska, 7. Februar 2016, 06:30 Uhr (rechts). Nicht immer braucht es grandiose Landschaften für schöne Polarlichtmotive, manchmal reichen ein Zelt oder ein hübsches Häuschen, um die Lichter malerisch in Szene zu setzen.

▶ Repparfjord, Nordnorwegen, 28. Februar 2013, 22:59 Uhr. Ich belichtete lediglich acht Sekunden, um diese weißlich-grüne Erscheinung auf den Chip zu bannen – eine längere Verschlusszeit hätte zu einer Überbelichtung geführt.

Auf die Landschaft gänzlich verzichten muss man in der Regel, wenn man die Korona, die Krone eines Polarlichtes, fotografieren will. Die Korona tritt nur bei starken Nordlichtern auf und steht dann senkrecht über dem Betrachter am Himmel. Ich drehe in solchen Fällen meine Kamera nach oben in den Himmel und fotografiere direkt in die Korona hinein – so entstehen wirklich unbeschreibliche Bilder, die nicht von dieser Welt zu sein scheinen!

### Zu guter Letzt noch einige Tipps

Oft werde ich gefragt, wann die beste Zeit ist, ein Polarlicht zu beobachten, und welche Orte ich empfehlen kann. Die erste Bedingung ist: Es muss dunkel sein. Und dunkel ist es auf der Nordhalbkugel etwa zwischen September und März. Wann genau die Polarlichter auftreten, ist nur sehr schwer zu sagen. Ich habe Polarlichter schon in der einsetzenden Dämmerung erleben dürfen – was besonders schön ist, da die Farben der Dämmerung zusätzliche Spannung ins Bild bringen –, manchmal traten die Lichter auch erst gegen Mitternacht auf. Ich habe Nordlichter gesehen, die die ganze Nacht leuchteten (mit schwankender Intensität), und andere, die sich nur für zehn Minuten am Himmel zeigten. Alles hängt davon ab, wie stark die Polarlichter sind, was von einer ganzen Reihe unterschiedlicher Faktoren bestimmt wird: ob es einen Sonnensturm gab, ob dieser erdgerichtet war und vielen mehr. Die meisten Nordlichter, die ich miterlebt habe, traten zwischen 23 Uhr abends und ein Uhr morgens auf.

◀ Nahe Inuvik, Nordwest-Territorien, Kanada, 25. August 2009, 00:30 Uhr. Selbst gegen Mitternacht wird es Ende August im hohen Norden Kanadas nicht wirklich dunkel: Die blaue Stunde dauert die ganze Nacht.

Die besten Orte, um Polarlichter beobachten zu können, liegen innerhalb der Polarlichtovale. Im Norden zieht sich das Oval durch Nord- und Zentralalaska, durch das nördliche Kanada einschließlich der Hudson-Bay-Region, durch Mittel- und Südgrönland, durch Island, den Norden Norwegens, Schwedens, Finnlands sowie den nördlichen Teil Russlands. Befindet man sich innerhalb dieses nördlichen Polarlichtovals, kann man in klaren Nächten zwischen September und März fast mit hundertprozentiger Sicherheit Polarlichter beobachten. Das südliche Polarlichtoval umfasst hauptsächlich die Antarktis und ist deshalb als Beobachtungsplatz eher ungeeignet.

Die Zone, in der Polarlichter auftreten, vergrößert sich bei besonders intensiven Lichterscheinungen, dann kann sich zum Beispiel das nördliche Polarlichtoval so weit nach Süden ausdehnen, dass auch über Mitteleuropa Polarlichter zu sehen sind.

Kann man Polarlichter vorhersagen? Man kann zumindest eine vage Vorhersage treffen. Gab es einen Sonnensturm und weht der Wind erdgerichtet, dann trifft er nach ungefähr zwei bis drei Tagen auf das Magnetfeld der Erde und die Lichter beginnen zu leuchten. Es gibt verschiedene Institutionen, die rechtzeitig darauf hinweisen, wenn ein Sonnensturm stattgefunden hat, zum Beispiel www.spaceweather.com. Es gibt sogar eine App fürs Smartphone, durch die man immer auf dem Laufenden bleibt, ob und wann sich heftige Sonneneruptionen ereignen und wie groß folglich die Wahrscheinlichkeit ist, dass sich Polarlichter am Himmel zeigen.

▶ Nahe Nikkaluokta, Schwedisch-Lappland, 13. September 2014, 00:38 Uhr. Ein rot-gelber Nordlichtvorhang über meinem Lieblingssee in Schwedisch-Lappland. Ein perfekter Ort für einen Nordlichtfotografen: Man kann sein Auto direkt am Ufer parken und ist in wenigen Sekunden »am Set«.

▼ Nahe Nikkaluokta, Schwedisch-Lappland, 16. September 2014, 21:55 Uhr. Ein wunderbar gelblich verfärbter Nordlichtvorhang waberte an diesem Abend über den Bergsee in Schwedens hohem Norden. Offene Seen bilden im Herbst den perfekten Rahmen für Polarlichter, denn mit ein wenig Glück spiegeln sich die Lichter darin.

4. aktualisierte Auflage 2018
Deutsche Originalausgabe

Ein Unternehmen der La Martinière Groupe



Gestaltung und Herstellung: Fabian Arnet, Knesebeck Verlag
Lektorat: Dr. Claudia Caesar, Bad Vilbel
Lithografie: Reproline Genceller, München
Druck: Printer Trento Srl, Italy

ISBN 978-3-95728-236-1
www.knesebeck-verlag.de


FSC
www.fsc.org
MIX
Papier aus verantwortungsvollen Quellen
FSC® C015829